高电压试验现场技术问答

主　编　王若星
副主编　余晓东　曲　欣　王修庞

中国电力出版社
CHINA ELECTRIC POWER PRESS

内 容 提 要

本书结合现场实际，以问答的形式，介绍了电气设备高电压试验工作的基本方法和各种电气设备进行现场试验的基本接线与测试方法，着重于现场实际操作方法和技能。本书以 GB 50150—2006《电气装置安装工程电气设备交接试验标准》、国家电网公司《设备状态检修规章制度和技术标准汇编》等为依据进行编写，是学习、理解和执行高电压试验相关规程与标准的培训、参考用书。

本书可供从事现场高压电气试验的技术人员和管理人员阅读，也可供高等院校电力专业师生学习参考。

图书在版编目(CIP)数据

高电压试验现场技术问答/王若星主编. —北京：中国电力出版社，2012.10（2019.8重印）
ISBN 978-7-5123-3610-0

Ⅰ.①高… Ⅱ.①王… Ⅲ.①高压试验(电)-问题解答 ②高电压试验设备-问题解答 Ⅳ.①TM8-44

中国版本图书馆 CIP 数据核字(2012)第 245441 号

中国电力出版社出版、发行
(北京市东城区北京站西街 19 号　100005　http://www.cepp.sgcc.com.cn)
北京雁林吉兆印刷有限公司印刷
各地新华书店经售

*

2012 年 12 月第一版　　2019 年 8 月北京第二次印刷
850 毫米×1168 毫米　32 开本　4.75 印张　106 千字
印数 3001—4000 册　　定价 **16.00** 元

编写人员名单

主　　编　王若星

副主编　余晓东　曲　欣　王修庞

编写人员　李　静　王　超　史　义　罗　虎

　　　　　王若焰　曲　永　刘　鎏　曹　锐

　　　　　朱　赫　齐　征　王二鹏　邓晶晶

前　言

高压电气试验是电力设备运行维护工作的一个重要环节，是保证电力系统安全稳定运行的有效手段之一。通过高压电气试验进行绝缘诊断是检测电气设备绝缘缺陷和故障的重要手段，是目前绝缘监督工作的重要内容之一。

随着电气设备向大容量、高电压方向发展，电气试验仪器也向着自动化、精密化方向更新，新技术、新方法、新装置、新仪器应运而生，特别是国家电网公司《设备状态检修规章制度和技术标准汇编》的出版，以及 GB 50150—2006《电气装置安装工程电气设备交接试验标准》的颁布，对高压试验现场工作提出了新的要求。本书就是以上述标准为主要依据，在与 DL/T 596—1996《电力设备预防性试验规程》进行对比的基础上，收集了大量相关资料，参考和引用了有关论著与论文的试验数据与研究成果，结合编者多年现场工作的思考与经验，整理而成。在此向各位同行及领导表示衷心的感谢。

本书最大的特点在于着眼于现场工作，紧扣岗位实际，将现场工作人员可能会遇到的实际问题进行分类整理，深入浅出，有助于资历较浅的工作人员进行岗位培训，同时适合中高技能专业人员学习参考。

尽管编者编写本书付出了相当大的努力，但仍难免存在不妥之处，恳请读者提出宝贵意见。

编　者

2012 年 12 月

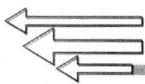

目 录

第一章

安 全 生 产

1-1 高压试验的目的是什么？

由于设备的电气性能影响因素很多，不能单纯使用理论计算的方法得到，更不能单靠经验来判断，因此要进行高压试验，根据试验结果来对各种性能进行分析判断，消除潜伏性缺陷，及时发现并处理设备老化和劣化问题，从而确定设备运行的可靠性。

1-2 保证安全的组织措施和技术措施是什么？

在电气设备上工作，保证安全的组织措施是：①工作票制度；②工作许可制度；③工作监护制度；④工作间断、转移和终结制度。

保证安全的技术措施是：①停电；②验电；③接地；④悬挂标示牌和装设遮栏（围栏）。

1-3 高压试验在哪种情况下方可加压？

加压前，高压试验工作人员应认真检查试验接线，使用规范的短路线，表计倍率、量程、调压器零位及仪表的开始状态均正确无误，经确认后，通知所有人员离开被试设备，并取得试验负责人许可，方可加压。高压试验工作人员在全部加压过程中，应精力集中，随时警戒可能发生的异常现象，操作人应站在绝缘垫上。

1-4　高压试验工作对人员组织有哪些要求？

（1）高压试验工作不得少于两人。

（2）试验负责人应由有经验的人员担任，开始试验前，试验负责人应向全体试验人员详细布置试验中的安全注意事项，交代邻近间隔的带电部位，以及其他安全注意事项。

1-5　高压试验中对试验装置的要求有哪些？

（1）试验装置的金属外壳应可靠接地；高压引线应尽量缩短，并采用专用的高压试验线，必要时用绝缘物支持牢固，与相邻设备保持安全距离。

（2）试验装置的电源开关，应使用明显断开的双极刀开关。为了防止误合刀开关，可在刀刃上加绝缘罩。

（3）试验装置的低压回路中应有两个串联电源开关，并加装过载自动跳闸装置。

1-6　变电站内使用大型用电设备应采取哪些安全措施？

大型变电站特别是 220kV 以上变电站现场施工工作中，超过 20kW 的大型用电设备，在变电站检修箱中很难找到合适容量的电源，大多会从配电间甚至是腾空一段 380V 母线来提供电源，而配电间中抽屉式开关容量很大却没有剩余电流动作保护装置。因此，大型用电设备的安全用电对整个变电站来说是十分重要的。如真空泵、滤油机、串联谐振、局部放电等仪器设备，即便有的设备使用三相四线制，零线也只能接在零线母排上，出现单相接地短路时，中间没有剩余电流动作保护开关，过流保护有时不灵敏，不能在第一时间跳掉电源，只能依靠站用变压器零序保护跳掉站用变压器。

因此，变电站内使用大型用电设备时应采取如下安全措施：

（1）加强变电站运行人员和施工人员对交流站用电系统可靠

性的重视程度，绝不能认为站用电系统无关变电站一次设备运行。交流站用电系统担负着变电站各种设备的交流用电，其可靠性直接影响着变电站设备运行的稳定与可靠，绝不能等闲视之。

（2）注意380V交流设备的使用规范。中小型用电设备尽可能使用带剩余电流动作保护的开关电源；大型用电设备在没有可使用的剩余电流动作保护开关的情况下，完善保护配置，380V分断路器的过流二段保护与站用变压器零序保护之间配合要合理，过流二段保护运作时间应略小于零序保护的动作时间，尽可能地缩小停电范围。

（3）注意备自投装置的可靠性。备自投装置是控制停电范围的最后一道关口，其可靠运行至少能够使交流站用电系统保留一半的负荷，不至于站用电全失，从而保证整个站用电系统的安全运行。

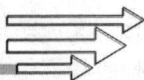

第二章

工 作 现 场

2-1 试验结果的判断结论如何确定？

对设备的试验进行完以后，试验人员应当根据试验结果下判断结论，一般有三种：合格、不合格、有怀疑，而在正式生成的试验报告中只有合格与不合格，其中有怀疑的中间结论必须给予排除。分析中应充分考虑温度、湿度的影响程度，以及试验接线和方法的差异和仪器的准确性。有的试验结果因环境或其他因素而超出相关试验要求，但充分考虑这些因素以后，仍然可以给出试验合格的结论，但必须缩短试验周期或择日进行重新试验；有的试验结果虽然在相关试验要求范围之内，充分综合其他因素后仍然可以给出不合格的试验结论，但必须将这些原因明确地填写在试验报告中，必要时按照状态检修试验规程中所提供的显著性差异和纵横比分析法，并综合分析其他各项目的试验数据，如色谱分析、油质试验，得出准确的判断结论。

2-2 在状态检修试验规程中引入的显著性差异分析是一种什么分析方法？

在国家电网公司《设备状态检修规章制度和技术标准汇编》中，不再使用预防性试验规程中"与设备历次（年）的试验结果相比较，与同类型设备的试验结果相比较"的含糊词汇，而突破性地采用了对数据进行分析比较的方法，即显著性差异和纵横比分析法，作为辅助性手段对试验数据进行定量分析。

在显著性差异分析法的使用中，注意值或警示值是一个静态的阈值，是基于大量运行经验的统计结果，但在一定情况下，个别设备的状态量明显不同于其他设备，由于同一批设备，设计、工艺和材质都相同，各台设备的同一状态量应视为同一母体的不同样本，如果被分析设备的状态量与其他设备存在显著性差异，必定存在原因，很可能是早期缺陷的信号。

为了保证显著性差异分析的可信度，应具备两个条件：

1）6 台以上同批次或设计、工艺和材质都相同，且以往试验时数据差异不大的设备。

2）试验条件相同。

分析方法如下：设 n（$n \geqslant 5$）台家族设备（不含被诊断设备），某个状态量 X 的当前试验值的平均值为 $\overline{X}$，样本标准离差为 S，被诊断设备的当前试验值为 x，则有显著性差异的条件为：

劣化表现为状态量值减少时

$$x < \overline{X} - kx$$

劣化表现为状态量值增加时

$$x > \overline{X} + kx$$

劣化表现为偏离初值时

$$x \notin (\overline{X} - kS, \overline{X} + kS)$$

上述各式中 k 值根据 n 的大小选取，k 值与 n 的关系见表 2-1。

表 2-1　　　　　　　　　k 值与 n 的关系

n	5	6	7	8	9	10	11	13	15	20	25	35	$\geqslant 45$
k	2.57	2.45	2.36	2.31	2.26	2.23	2.20	2.16	2.13	2.09	2.06	2.03	2.01

在现场应用过程中，某些设备的试验数据并未达到《设备状态检修规章制度和技术标准汇编》中规定的注意值或警示值，当

其试验数据与其他同型设备间存在较明显差异时，可以应用显著性差异法进行横向比较分析，经数据计算该设备试验数据偏离于其他设备试验数据时，应怀疑该设备存在隐患，需进一步查明原因，并根据《设备状态检修规章制度和技术标准汇编》相应评价中的扣分标准，判定相应的状态。

2-3 在状态检修试验规程中引入的纵横比分析法是一种什么分析方法？

A、B、C一组设备，有包括当前试验值在内的至少两次试验值，分别记为 a_1、b_1、c_1（上次试验值）和 a_2、b_2、c_2（本次试验值），假设分析 A 相设备的当前试验值是否正常，可按下式计算 F 值。如果超过 30%，可判定为异常。

$$F = \left| 1 - \frac{a_2\,(b_1 + c_1)}{a_1\,(b_2 + c_2)} \right| \times 100\%$$

在现场应用过程中，某些设备的试验数据并未达到《设备状态检修规章制度和技术标准汇编》中规定的注意值或警示值，当其试验数据与其他同组设备以及上次试验数据间存在较明显差异时，可以应用纵横比分析法进行纵向及横向比较分析，经数据计算该设备试验数据 F 值超出 30% 时，应判断试验数据异常，怀疑该设备存在隐患，需进一步查明原因，并根据《设备状态检修规章制度和技术标准汇编》相应评价中的扣分标准，判定相应的状态。

2-4 显著性差异分析法和纵横比分析法在实际应用中有何异同？

显著性差异分析法和纵横比分析法是国家电网公司《设备状态检修规章制度和技术标准汇编》中所提出的进行试验数据定量分析的方法，其适用对象略有不同，显著性差异分析法更适用于上次缺少试验数据或试验方法与本次不相同而无法进行比较的情况，但由于样本数量要大于 6（包含被诊断设备），若在正常停电例行试验的一个间隔内则无法使用。纵横比分析法适用于同组 A、B、C 三相设备两次试验值之间的比较分析，若缺少上次试验数据则无法使用。在应用时应根据现场实际进行选择。

2-5 显著性差异分析法和纵横比分析法在现场应用时应该注意哪些问题？

显著性差异分析法和纵横比分析法的核心，都是通过定量计算的方法对试验数据的变化量进行分析。由于绝缘项目在试验环节受外界影响比较明显，分析时必须排除试验误差的影响，特别是温、湿度和表面污秽程度的影响，会使试验数据存在相当的离散性，过分执着地使用显著性差异分析法和纵横比分析法可能会得出错误的结论。在现场应用中发现某些试验数据异常或出现显著差异的情况时，应先考虑试验误差以及试验方法是否错误等问题，而不应急于对结论进行判断。

现阶段状态检修技术标准适用于 66～750kV 电压等级的设备，而部分省份已经着手将此标准向 66kV 以下推广，但是值得注意的是，66kV 以下的电气设备试验标准相对较低，数据的离散性会比较大，因此许多情况下可能无法采用这两种试验分析方法。

2-6 显著性差异分析法如何具体应用？

显著性差异分析法是状态检修试验规程中提出的新的辅助分析手段，特别适合对设备状态量进行精确的分析，从而判断设备是否存在可能的缺陷。

如某 220kV 变电站，在进行电容式电压互感器（CVT）试验时，所有具体数据见表 2-2。

表 2-2 电容式电压互感器 (CVT) 试验数据

设 备 位 置	测试电容量 C_X (nF)	铭牌电容量 C_N (nF)	电容量偏差 ΔC	介质损耗因数 $\tan\delta$
致 220kV 北母 CVT A 相上节	20.46	20.29	0.84%	0.076%
致 220kV 北母 CVT B 相上节	20.38	20.25	0.64%	0.092%
致 220kV 北母 CVT C 相上节	20.55	20.32	1.13%	0.077%
致 220kV 南母 CVT A 相上节	20.24	20	1.20%	0.080%
致 220kV 南母 CVT B 相上节	20.32	20.52	−0.97%	0.159%
致 220kV 南母 CVT C 相上节	20.42	20.29	0.64%	0.098%
Ⅰ 致麒线路 CVT A 相上节	10.3	10.16	1.37%	0.087%
Ⅱ 致麒线路 CVT A 相上节	10.25	10.11	1.38%	0.081%

8 台电压互感器均为电容式电压互感器，且为同一生产厂家、同一批次、同一型号产品，不同的是两台线路 CVT 电容量与母线 CVT 电容量不同。在现场测试时，上下节测试方法不同，因而不能进行一起比较，对致 220kV 南母 CVT B 相上节采用显著性差异分析法进行分析。根据《设备状态检修规章制度和技术标准汇编》中显著性差异分析方法，首先应该确定样本，由于每台电容式电压互感器电容量并不相同，以实际电容量进行差异分析是不合理的，而应该以测试的电容量偏差 $\Delta C\%$ 为分析样本。

其中 $n=7$，样本平均值为 $\overline{X}$，样本标准离差为 S，被诊断设备的当前试验值为 x，k 值根据 n 值的大小选取，当 $x \notin (\overline{X}-kS, \overline{X}+kS)$ 时，认为有劣化表现。

经计算和查表知，$\overline{X}=1.03$，$S=0.33$，k 取 2.36，样本 x（致 220 南母 CVTB 相上节电容量偏差 $\Delta C\%$）$=-0.97$，则可知样本 $x \notin (0.27, 1.79)$，因此应怀疑其有劣化倾向。

同样，对介质损耗因数也可进行显著性差异分析，样本 x'（致 220 南母 CVTB 相上节 $\tan\delta\%$）$\notin (0.06, 0.10)$，因此也应怀疑其有劣化倾向。

2-7 影响介质绝缘强度的因素有哪些？

影响介质绝缘强度的因素主要有以下几方面：

（1）电压。电压的高低、波形、极性、频率、作用时间、上升速度以及电极的形状等都与介质的绝缘强度有关。

（2）温度。温度可以影响介质内分子、离子的运动，加剧极化，过高的温度可以直接降低介质的绝缘强度，以至发生热老化、热击穿。

（3）机械力。机械力直接造成介质绝缘结构受到损坏，从而使绝缘强度下降。

（4）化学。化学气体、液体的侵蚀作用直接损坏介质的绝缘强度。

（5）自然。日光、风、尘埃等自然因素使绝缘产老化、受潮、闪络等。

2-8 为什么规定绝缘类试验应在天气晴好、最低温度不得低于5℃的情况下进行？

如果天气不好，湿度过大，被试物表面出现水膜或结露，对测量绝缘电阻、泄漏电流和介质损耗将产生严重的影响，将对试验结果产生偏差；在低温下试验时由于诸多因素的影响，对试验结果的分散性很大，过低的温度甚至会出现设备内部的水结冰从而隐藏缺陷，难以根据低温下的试验数据作出正确判断。另外，部分精密试验仪器无法在过低温度和湿度过大的情况下工作，因此为提高试验的准确性，便于分析设备的真实绝缘水平，规定绝缘类试验在空气相对湿度不大于80%，气温不低于5℃的条件下进行。

2-9 按照各种试验标准试验合格的产品，运行中是否有绝对的可靠性？

根据各种试验规程和标准进行测试合格的产品，在运行中的可靠性是可以保证的，但这个可靠性并不是绝对的。

（1）从出厂试验、型式试验到交接试验以及各种特殊试验，各种试验对设备的性能、可靠性进行了相当的考量，但这仅仅是运行可靠性的必要条件，由于试验条件的限制，多数试验项目还不能完全模拟运行条件，而缺少试验项目的等价性。如绝缘试验时的高电压，没有电流的作用，没有运行条件下的热效应；又如包括全波、截波、操作波的冲击试验虽然非常考验设备的绝缘，但设备本身并没有工频电压的励磁，也没有负荷电流的通过等。

（2）有的制造缺陷无法通过试验来发现。如变压器内的遗留物，出厂和交接试验的项目可能发现不了，但在运行后问题逐渐显现或者在某一特定时刻出现故障；又如各种设备的操动机构连接因材料不当、金属疲劳、锈蚀等而突然出现断裂等。

（3）有些运行工况是动态的。如变压器因设计不当或制造工艺问题造成局部过热，短期试验无法测定，而过热程度又与负荷有关，间歇性的局部过热渐渐造成设备局部老化；又如因液压油含杂质造成断路器打压频繁，只有当杂质颗粒阻塞逆止阀时才会出现油压无法保持等。

（4）有的试验与运行工况不同或运行工况无法考量。如变压器的抗短路能力试验是特殊试验，并非所有变压器出厂都要求进行，况且进行试验也无法完全模拟运行工况；又如设备遭到特快速暂态过电压（VFTO）的作用，无法通过相应的试验项目进行验证等。

（5）各种特殊运行条件。虽然是小概率事件，但是设备的确会遇到如大风、大雾、雷暴、地震等特殊运行工况，会影响内部结构或者外部绝缘。

因此，虽然设备通过了各种试验，但并不是有绝对的运行可靠性，但是通过各种带电和停电测试的设备，运行可靠性将更高。

第三章

仪 器 仪 表

3-1　仪器仪表的维护、保管应注意什么？

为保证仪器仪表的良好使用状态，除在使用中注意正确操作外，还应做好以下几项工作：

（1）根据各单位规定，定期进行校验，对于不合格的仪器仪表，应及时调整处理。

（2）使用过程中注意轻拿轻放，避免损坏，使用中保持清洁，用后及时清擦处理。

（3）带有指针的仪器仪表需经常进行零位调整，指针转动不灵活时，应及时修理，不可硬敲外壳。

（4）仪器有故障时，不可随意拆卸处理，应送相关单位或请专业人员修理，修理过后应按相关规定重新校验。

（5）仪器仪表使用完毕后及时存放，存放处不能太热、太冷、潮湿污秽，不应有磁场或腐蚀性气体。

3-2　电气测量仪表一般由哪几部分组成？常用有哪些系列？各有什么优缺点？

电气测量仪表由测量机构和测量线路两部分组成，常用的测量机构有磁电式、电磁式、电动式、感应式、流比计式等，将它们配上不同的测量线路，就可以得到各种不同的电气测量仪表。

（1）磁电式。利用永久磁铁的磁场与活动的载流线圈相互作用产生力矩，使线圈偏转，当线圈偏转时，游丝拉紧产生反作用力矩，使指针平衡。

优点：刻度均匀，灵敏度好，准确度高。

缺点：过载能力小，结构复杂，成本高，不加变换器只能测量直流。

（2）电磁式。利用电流通过一个固定线圈产生磁场，使动片、定片同时磁化并呈现同一极性，同性相斥而带动指针偏转一定角度，从而反映出被测量大小。

优点：结构简单、牢固，过载力大，适合交直流测量。

缺点：刻度不均匀，准确度差，灵敏度低，受外界磁场干扰大。

（3）电动式。利用通有电流的固定线圈产生磁场，用活动线圈代替电磁式仪表的可动铁芯，在电磁力作用下，活动线圈的转轴带动指针偏转。

优点：准确度高，可以测量交直流量。

缺点：刻度不均匀，过载能力小，受外界磁场干扰大。

（4）感应式。交变电流通过线圈产生交变磁场，活动铝盘中感应产生涡流，涡流与交变磁场相互作用产生的电磁力矩使铝盘转动。

优点：转矩大，过载强，受外界影响小。

缺点：准确度低，只能测量一定频率的交流电。

（5）流比计式。这是一种特殊的磁电式测量机构，由两个互成一定角度的线圈通电后在永久磁场中受到不同力矩而带动指针偏转。

优点：灵敏度高，受外界影响小。

缺点：刻度不均匀，过载能力差。

3-3　什么是相对误差、绝对误差和引用误差？

绝对误差又叫做绝对真误差，绝对误差 ΔX 是被测量的给出

值 X 与被测量的真值 X_0 之差，即 $\Delta X = X - X_0$。

被测量的给出值通常是被测量的测得值，但也包括更广的范围，可以是仪器仪表的示值、量具的标称值、近似计算值等。

相对误差多指相对真误差。由于绝对误差表征给出值与真值之间偏离的程度，却不能确切反映测量的精确程度，因而相对误差是绝对误差 ΔX 与真值 X_0 的比值的百分数，若用 γ 表示相对误差，则 $\gamma = \dfrac{\Delta X}{X_0} \times 100\%$。

由于在连续刻度的仪表中，用相对误差来表示整个量程内仪表的准确度十分不便，为了计算和使用方便，将最大绝对误差 ΔX 与仪表量程上限（满刻度）X_m 比值的百分数来表示引用误差（或基本误差）。若用 γ_n 表示引用误差，则有 $\gamma_n = \dfrac{\Delta X}{X_m} \times 100\%$。

3-4 什么是仪器的抗干扰指标？

抗干扰指标是指在满足仪器准确度的前提下，干扰电流与试验电流的最大比例。比例越大，则抗干扰性能越好。如某试验仪器的抗干扰指标可以表示为在 200% 干扰下仍能达到仪器的准确度。

3-5 常用仪表的准确度如何表示？

仪表上常标注有 0.2、0.5、1.0 等数字，它表示的是该仪表的基本误差（引用相对误差）不超过对应数字的百分比，即 0.2 级准确等级的仪表，允许的基本误差为 $\pm 0.2\%$。

准确度还可以用相对误差和绝对误差表示，如某 $\tan\delta$ 测试仪的准确度为 $\pm (1\%D + 0.0004)$。

括号内 D 为被测品 $\tan\delta$ 真值，+前表示相对误差，+后表示绝对误差，相对误差小表示仪器的量程线性度好，绝对误差小表示仪器误差起点低。

例如：某被试品 $\tan\delta$ 真值为 1.000%，按上式计算，测试仪器基本误差为 $\pm$（$1\%\times1.000\%+0.0004$）$=\pm0.05\%$，即实际使用该测试仪所测得的 $\tan\delta$ 的试验结果可能在 $0.950\%\sim1.050\%$ 之间。

3-6 钳形电流表按工作原理可分为哪几类？

钳形电流表是一种无需断开电源和线路，直接测量运行中电气设备和线路工作电流的便携式仪表，按照其工作原理可分为两大类：

（1）电磁感应式钳形电流表。此类钳形电流表利用电磁感应原理进行测量，由电磁感应式钳形电流互感器和测试仪表组成，根据测试仪表的不同可分为整流系钳形电流表和电磁系钳形电流表两种。

整流系钳形电流表：由整流系仪表与钳形电流互感器所组成的仪表，将交流电流整流后通入磁电系仪表，从而可以进行交流电流的测量。由于刻度均匀、灵敏度好、准确度高，常用指针式测量。

电磁系钳形电流表：由电磁系仪表与钳形电流互感器所组成的仪表，可以进行交、直流电流的测量。由于使用电磁系仪表，准确度差、灵敏度较低。

（2）霍尔效应钳形电流表。由数字电压基本表、电子测量电路与钳形霍尔式电流互感器组成，可以测量交、直流电流。由于基准确度高、灵敏度好，在现场使用较多。

3-7 简述钳形电流表的工作原理。

钳形电流表的核心部件是电磁感应式钳形电流互感器或闭环霍尔式电流互感器，其测试原理并不相同。

电磁感应式钳形电流表原理图如图 3-1 所示。当截流导线通过钳式铁芯时，通过钳式铁芯在二次绕组中形成感应电流，然后通过整流系仪表或电磁系仪表进行测量，根据原副边匝数比进行等比例放大或缩小后通过指针或电子屏幕得以显示。

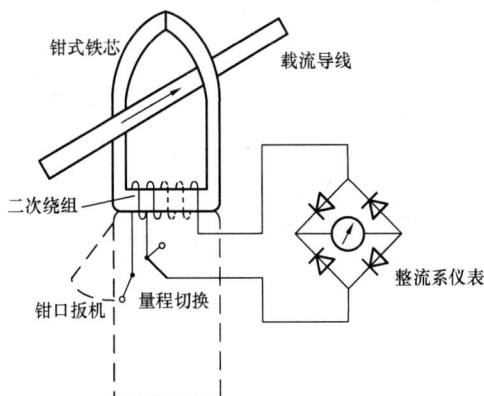

图 3-1　电磁感应式钳形电流表原理图

与电磁感应原理不同，霍尔效应是指磁场作用于载流金属导体、半导体中的载流子时，产生横向电位差的物理现象。在精确测量中通常采用闭环霍尔式电流互感器，其工作原理是磁平衡式的，即原边产生的磁场，通过二次绕组电流所产生的磁场进行补偿，使霍尔元件始终处于检测零磁通的工作状态，从而通过测量二次补偿电流的大小来检测一次电流，如图 3-2 所示。闭环霍尔效应电流互感器性能优异，可以同时测量直流、交流，且电流测量范围宽，线性度好，跟踪速度快，响应快，近年来得到大量应用。

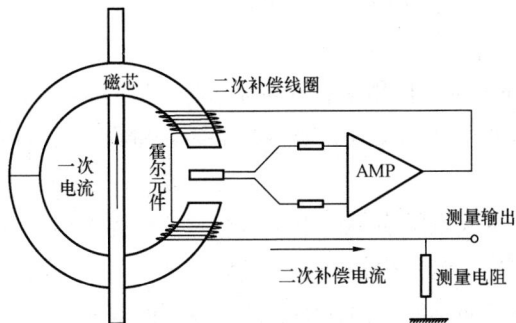

图 3-2　闭环霍尔式电流互感器原理图

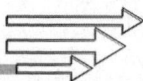

第四章

绝 缘 电 阻

4-1 什么是绝缘电阻？

绝缘电阻是指在绝缘体的临界电压以下，施加的直流电压 U 与其所含的离子沿电场方向移动形成的电导电流 I_g 的比值即为绝缘电阻 R_i。未经说明一般所说绝缘电阻值为被试设备 1min 时的绝缘电阻值。

4-2 如何测量设备的绝缘电阻？

使用绝缘电阻表测量设备的绝缘电阻是高压电气试验中最常用的试验方法，根据测量被试设备 1min 时的绝缘电阻大小来检测判断其是否存在贯通的集中性缺陷、整体受潮或贯通性受潮。现场所使用的绝缘电阻表是通过向被试设备输出直流高压，监测电压、电流来测定设备的绝缘电阻。

4-3 简述试验使用的绝缘电阻表的分类及其工作原理。

现场所使用的绝缘电阻表多为手摇式和数字式两种，其原理略有不同：

手摇式绝缘电阻表主要由电源和测量机构两部分组成，电源为手摇发电机，测量机构是磁电式流比计，由于磁电式流比计的两个线圈的绕向不同，因而流过两个线圈的电流产生不同方向的转动力矩，力矩平衡带动指针产生一定的偏转角，该偏转角只与电流比值有关，从而测定出相应的绝缘电阻值。

数字式绝缘电阻表一般是由直流电压变换器将电池电压转换为直流高压作为测试电压，这个测试电压施加于被测物上产生的电流，经电流电压反馈电路并计算处理从而得出相应的绝缘电阻值。由于数字式绝缘电阻表由单片机控制，带有输出电压控制、电压电流计算、放电控制以及数字显示装置等，比手摇式绝缘电阻表精度高、测试方便，在现场使用更广泛。

4-4 简述使用绝缘电阻表测量绝缘电阻的基本接线。

绝缘电阻表共有三个接线端子：线路端子 L（接于被试设备）、地端子 E（接于被试设备外壳或地）、屏蔽端子 G（接于被试设备表面，消除表面泄漏）。使用绝缘电阻表测量绝缘电阻的基本接线如图 4-1 所示。

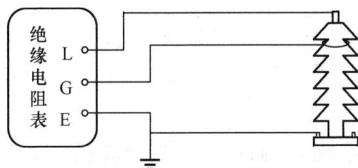

图 4-1 使用绝缘电阻表测量绝缘电阻的基本接线

4-5 进行绝缘电阻测试时，应如何选择绝缘电阻表？

根据 GB 50150—2006《电气装置安装工程电气设备交接试验标准》要求，在无特殊要求时：

（1）100V 以下的电气设备或回路，采用 250V 50MΩ 及以上绝缘电阻表。

（2）500V 以下至 100V 的电气设备或回路，采用 500V 100MΩ 及以上绝缘电阻表。

（3）3000V 以下至 500V 的电气设备或回路，采用 1000V 2000MΩ 及以上绝缘电阻表。

（4）10 000V 以下至 3000V 的电气设备或回路，采用 2500V

10 000MΩ 及以上绝缘电阻表。

（5）10 000V 及以上的电气设备或回路，采用 2500V 或 5000V 10 000MΩ 及以上绝缘电阻表。

用于极化指数测量时，绝缘电阻表短路电流不应低于 2mA。

4-6 什么是吸收比和极化指数？

由于不同的绝缘设备在外施电压下几何电流与吸收电流的存在，总电流随加压时间而变化。当绝缘受潮或存在缺陷时，电流的吸收现象不明显，总电流随时间下降缓慢，因此可以通过测试电流与时间的关系来判断绝缘的状态，这就是吸收比和极化指数。

将 60s 和 15s 时的绝缘电阻的比值 $R_{60'}/R_{15'}$，称之为吸收比 ρ。

将 600s 和 60s 时的绝缘电阻的比值 $R_{600'}/R_{60'}$，称之为极化指数 K。

4-7 为什么绝缘电阻试验时绝缘体会出现吸收过程？

当电介质上加上直流电时，会出现初始电流较大，此后逐步衰减的现象，称之为绝缘体的吸收过程。之所以出现这一过程，是由于加压后电介质在直流电压下的极化。

随时间衰减的电流可以看成由三种电流组成：①漏导电流（电导电流）i_g，由离子移动产生，其大小决定于电介质在直流电场中的电导率，因此可以认为它是纯阻性电流。②几何电流（电容电流）i_C，在加压时电介质的几何电容充电时形成，由快速极化（电子和离子极化）过程形成的位移电流，衰减极快。③吸收电流 i_a，由介质的缓慢极化（夹层极化和松弛极化）产生，与几何电流相似，但衰减很慢，取决于电介质的性质与不均匀程度和结构。因此，这三个电流的合电流 i_Σ 呈现随时间逐步衰减的现象。

绝缘电阻试验中的电流如图 4-2 所示。

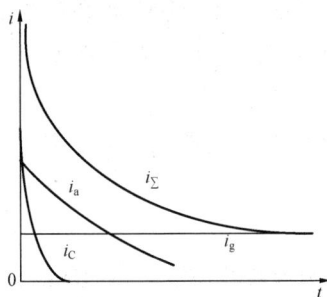

图 4-2　绝缘电阻试验中的电流

4-8　什么是绝缘电阻表的负载特性？

　　绝缘电阻表的负载特性即绝缘电阻表测量的绝缘电阻值和端电压之间的关系，如图 4-3 所示。不同类型的绝缘电阻表，其负载特性不同。当绝缘电阻表的容量较小，而被试品的吸收电流大、绝缘电阻低时，绝缘电阻表的端电压剧烈下降，因此所测得的吸收比和绝缘电阻值不能真实反应被试品的绝缘状况。

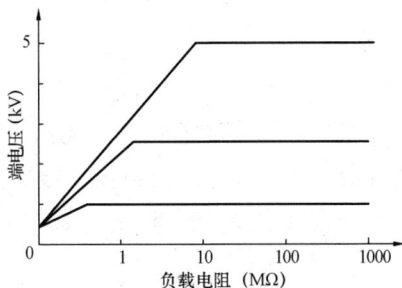

图 4-3　绝缘电阻表的负载特性

4-9　用绝缘电阻表进行绝缘电阻试验时，屏蔽的作用是什么？

　　在测量绝缘电阻时，希望测得的数值等于或接近绝缘物内部绝缘电阻的实际值。但由于被测物表面总是存在一定的泄漏电流，这一电流大小影响测量结果，为判断内部绝缘本身的好坏，就需要把表面和内部绝缘分开，屏蔽就是起将它们分开的作用。方法是用一金属环包在绝缘体表面，并经引线引到绝缘电阻表屏蔽端子上，使表面泄漏电流不流过测量线圈，从而消除表面泄漏电流的影响。

4-10　绝缘电阻表测量绝缘电阻时应注意什么问题？

（1）测量前应拆除或断开被测设备的一切连线并将其接地放电，若多个设备无法拆开或允许一同进行测试时，应注意测试值为多个设备的总绝缘电阻，若多个设备一起测试的测量结果过低或存在疑问，应分别测试进行进一步判断。

（2）清洁被试设备表面，若污秽较重，可使用酒精或汽油等易挥发溶剂；若天气潮湿，设备表面有积水或水膜，应用干布清擦并使用吹风机吹干，必要时可涂擦憎水性材料。

（3）测试前应检查绝缘电阻表表面是否清洁，若使用手摇式绝缘电阻表，应注意玻璃表面的静电影响，并测试开路与接地情况是否正常；若使用数字式绝缘电阻表，则应查看电源是否充足。

（4）测试引线应尽量使用绝缘电阻表专用测试线，如没有专门测试线，应采用多股软线，且应具有良好的绝缘，测试线 L 与 E 不能靠在一起，更不能绞绕，测试线 L 应与地面保持一定距离。

（5）测试时若使用手摇式绝缘电阻表，应注意保持绝缘电阻表水平，在测试线 L 与设备之间可以串联个闸刀，转动绝缘电阻表达到 120r/min 之后，再将测试线 L 接于被试设备，测量结束后，将闸刀断开后再停止转动绝缘电阻表。数字式绝缘电阻表由于容量较大，并有放电回路，应待放电结束后再拆除测试引线。

（6）若遇空气湿度影响测试，应在被试设备表面加屏蔽，屏蔽位置应放在靠近 L 端。

（7）测试时应记下测量时的湿度、温度，以进行必要的校正。

4-11　影响绝缘电阻试验的因素有哪些？

影响绝缘电阻试验的因素如下：

（1）湿度。空气湿度增大时，表面泄漏电流增大，影响试验的测量，绝缘物（特别是极性纤维材料）电导率增加，也同时直接降低绝缘电阻值。

（2）温度。电气设备的绝缘电阻是随温度变化的，其变化程度随绝缘种类的不同而不同。温度升高时，介质内离子运动加速，同时水分在电场作用下也向两极伸长，使介质电导增加，进一步降低绝缘电阻。

（3）表面脏污与受潮。设备表面脏污与受潮使其表面电阻率大大降低，使绝缘电阻显著下降。

（4）剩余电荷。剩余电荷的存在会使测试数据增大或减小，若与绝缘电阻表极性相同，则使测试数据偏大；若与绝缘电阻表极性相反，则使测试数据偏小，因此测试前应充分放电。

（5）绝缘电阻表容量。测试大容量设备时，绝缘电阻表的容量（即绝缘电阻表的最大输出电流）直接影响测量结果，可以认为绝缘电阻表容量越大越好。

4-12　试验中发现绝缘电阻很低、泄漏电流很大的不合格设备，介质损耗试验却合格的原因有哪些？

绝缘电阻很低、泄漏电流很大的不合格设备，一般表明被试品的并联支路中，某一支路绝缘电阻较低，而介质损耗因数试验值是并联等值电路值，总是介于并联电路中各支路最大与最小值之间，且更接近于体积较大或电容较大部分的值，只有当绝缘状况较差的部分占总体积很大时，实测介质损耗因数值才会体现得比较明显，而若是所占体积比较小时，测得的介质损耗因数值可能仍在合格范围内，特别是对大型变压器等设备尤其如此，因此要综合分析，避免错误判断。

4-13　吸收比和极化指数为什么不进行温度换算？

吸收比与温度有一定关系，对于一般良好绝缘，温度升高时吸收比略有增大，但对于油或纸绝缘不良时，温度升高，吸收比减小。若知道不同温度下的吸收比，则可以对变压器绝缘状况进行初步分析。对于极化指数，温度升高时，其值变化不大。因而，综合考虑对吸收比和极化指数不进行温度换算。

第五章

交 流 耐 压 试 验

5-1　简述外施工频交流耐压试验的原理与接线。

交流耐压试验是通过交流耐压机在电气设备上施加一个高于设备额定电压的交流电压，来考验设备承受电压能力的一项试验。由于交流电压的波形、频率和在被试品绝缘内部的电压分布，比较符合电气设备正常运行时的实际情况，故而能比较真实有效地发现绝缘缺陷。但交流耐压试验是一项破坏性试验，因此要按照相关规程标准选择正确的电压标准，试验时加至试验标准电压后的持续时间，无特殊说明时应为1min。

常规外施交流耐压试验基本接线如图5-1所示，还可以增加电流、电压保护，电压测量装置以及各种指示装置。

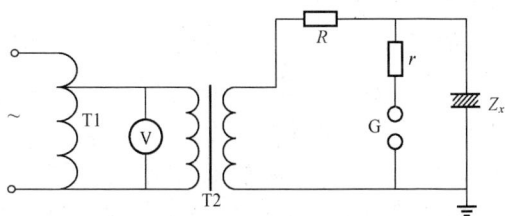

图 5-1　常规外施交流耐压试验基本接线

5-2　为什么要进行工频交流耐压试验？

测量设备的绝缘电阻、泄漏电流、介质损耗时，其试验电压皆低于被试品的工作电压，因而对被试品的某些绝缘缺陷还不一定能发现，这对于考验绝缘性能、决定能否安全运行是不够的。为了进一步检测设备缺陷，保证一定的绝缘水平，工频耐压试验采用比实际运行电压更高的电压，它对设备绝缘的缺陷尤其是局部的集中性缺陷的发现更为有效。因此，工频耐压试验是鉴定电气设备绝缘强度最灵敏、最直接的方法，对判断电气设备能否投入运行具有决定性的意义，也是保证设备绝缘水平、避免发生绝缘事故的重要手段。

由于工频耐压试验的电压很高，它对不良绝缘来说是一种破坏性试验，会使原有的绝缘弱点继续发展，即便是绝缘良好的试品，受工频耐压试验的较高电压的作用，也会引起绝缘逐步劣化的累积效应，因此试验电压的确定，是工频耐压试验的关键。其确定的原则是既要暴露绝缘中的严重缺陷，同时又不致损害完好的绝缘而造成不必要的伤害。此外，加压时间也很重要，一般为1min，时间过长可能造成绝缘或热击穿，时间过短又不便观察和判断。

5-3 设备额定电压高于实际使用的标称电压时，如何确定试验电压？

当采用额定电压较高的设备以加强绝缘时，应按照设备的额定电压确定试验电压。如污秽严重区的 10kV 采用 15～20kV 的绝缘子，耐压时必须按 15～20kV 额定电压的试验电压进行耐压；又如主变压器 10kV 出口支柱绝缘子，考虑到主变压器出口的安全重要性，防污闪及防小动物而采用 20kV 或 35kV 等级的绝缘子，也应当按照 20kV 或 35kV 额定电压来确定试验电压。

若因设备选型而采用额定电压较高的设备以满足通用性及机械强度要求时，应按实际使用的标称电压确定其试验电压。如为实现远方电动操作，对主变压器 40kV 级的中性点采用 72kV 等级的接地开关，可按 40kV 等级确定其试验电压。

若采用较高电压等级的电气设备在于满足高海拔地区要求时，应在安装地点按实际使用的标称电压的试验标准进行耐压。

5-4 理论分析容升效应是如何产生的？

进行耐压试验时，试验变压器的线圈电阻 R、漏感抗 X_L 和被试品的容抗 X_C，相当于一个 R、L、C 串联回路。R、L、C 串联回路及相量关系如图 5-2 所示。

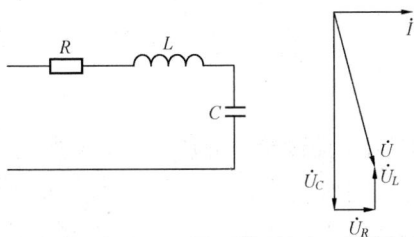

图 5-2　R、L、C 串联回路及相量关系

由图 5-2 中可知

$$\dot{U}=\dot{U}_R+\dot{U}_L+\dot{U}_C$$

总电流

$$I = \frac{U}{Z} = \frac{U}{\sqrt{R^2 + \left(\omega L - \dfrac{1}{\omega C}\right)^2}}$$

被试品两端的电压

$$U_C = \frac{U}{\sqrt{R^2 + \left(\omega L - \dfrac{1}{\omega C}\right)^2}} \cdot \frac{1}{\omega C}$$

如果 $C < \dfrac{2L}{R^2 + (\omega L)^2}$，即 $R^2 + (\omega L)^2 - \dfrac{2L}{C} < 0$

则 $R^2 + (\omega L)^2 - 2\omega L \cdot \dfrac{1}{\omega C} + \left(\dfrac{1}{\omega C}\right)^2 < \left(\dfrac{1}{\omega C}\right)^2$

即 $\sqrt{R^2 + \left(\omega L - \dfrac{1}{\omega C}\right)^2} < \dfrac{1}{\omega C}$

于是总阻抗 $Z < X_C$，故有 $U < U_C$

这种由于被试品为容性负荷因而两端电压比电源电压升高的现象就叫做容升效应。由于通常情况下 $X_C \gg R$，其电压升高值

$$\Delta U = U_C - U \approx IX_L = \frac{U}{X_C - X_L}X_L$$

其中 $X_C = \dfrac{1}{\omega C} = \dfrac{1}{2\pi f C}$，$X_L = U_K\% \cdot \dfrac{U_N^2}{S_N}$

5-5 外施交流耐压试验中应注意什么问题？

由于外施交流耐压试验属于破坏性试验，因此在试验中应严格细致地操作，特别注意以下问题：

（1）试验前应了解被试设备的非破坏性试验项目是否合格，如果存在不能排除的缺陷或异常，不可以进行交流耐压试验，否则可能使缺陷或异常加重，危及设备安全。

（2）试验前应将设备表面清擦干净，清除设备表面的尖角毛刺，避免加压后在试品表面出现滑闪放电或电晕放电。

（3）按照《国家电网公司电力安全工作规程》要求围设围栏，悬挂标示牌，并设专人监护，按照预定试验方案接线并检查现场后，方可升压。

（4）试验负责人应有相当的工作经验和处理问题的能力，操作人员应熟悉升压设备的使用，如零位指示，分合闸按钮，过压、过流保护整定等。

（5）升压过程中应严密监视电压表、电流表及其他表计的变化，对于手动升压的升压速度，在 1/3 试验电压以下可以稍快一些，其后应均匀约按每秒 3% 试验电压速度升压，或升至额定试验电压的时间为 10～15s。

（6）升压过程中，电压缓慢上升，而电流急剧上升，可能是存在短路或类似短路的情况，也可能是被试设备容量过大或接近谐振所引起的；若电压上升过程中，电流不变或略有下降，可能是由于试验负荷大，而电源容量不足所引起的。

（7）试验中若发现表计摆动或被试设备异常响声、冒烟、冒火等，应立即降下电压，在高压侧接地后，查明原因。

（8）试验结束放电接地后，有机绝缘材料立即进行触摸，应无普遍或局部过热；组合绝缘设备或有机绝缘材料，耐压前后的绝缘电阻值不应下降 30% 以上；而纯瓷或表面以瓷绝缘为主的设备，易受环境影响，可酌情处理。

5-6 电气设备耐压试验不合格的原因有哪些？

对于电气设备绝缘试验来说，耐压试验是真正考验其绝缘性能的试验。但是由于耐压试验是破坏性试验，因此需要常规试验全部合格以后才可以进行，如果常规试验有疑问，需要进行分析判断，否则可能会对电气设备的绝缘造成伤害。电气设备耐压试验不合格的标志是在试验电压下出现绝缘击穿或出现表面闪络，其不合格的原因主要有以下几点：

（1）绝缘性能变化。电气设备运行年限长，受到各种内外界因素的影响，主绝缘性能劣化、老化，耐压过程中能量损耗大，温度升高，有利于绝缘击穿过程的发展，使得绝缘出现击穿。

（2）绝缘中出现杂质。绝缘中因各种原因进入了水、酸、碱等杂质，使得绝缘中的自由电荷增多，电流的有功分量增大，使得绝缘耐压下降。

（3）绝缘表面脏污、湿闪。暴露在空气中的绝缘表面因表面脏污、湿度过大在表面形成水膜，易形成表面滑闪放电造成无法耐受过高试验电压。

（4）试验方法不正确。手动进行耐压试验升压过程中，升压速度过快可能导致耐压值降低造成击穿；升压过程中可能会遇到类似谐振的状态，应继续加压或略微降压，不要在类似谐振点过长时间逗留。

（5）电压测量不准确。由于耐压试验电压测量系统误差或者未考虑设备容量引起的容升效应，造成施加在设备绝缘上的电压偏高，使不该击穿的绝缘出现击穿，造成不必要的损失。

（6）试验保护手段不足。试验时未充分考虑影响绝缘特性的气象特性，如气压、温度、湿度等，保护间隙配置不合理，造成设备误损伤。

5-7　电压谐振与电流谐振的条件是什么？

由电感线圈（可用电感 L 串电阻 R 模拟）和电容元件（电容量为 C）串联组成的电路中，当感抗 X_L 等于容抗 X_C 时会产生电压谐振，谐振时电路中的电压 U 与电流 I 相位相同，电路呈纯阻性，也称串联谐振。电压谐振的条件如下：

（1）当 L、C 一定时，电源的频率 f 恰好等于电路的固有振荡频率，即 $f = \dfrac{1}{2\pi \sqrt{LC}}$ 时，会产生谐振。

（2）当电源频率一定时，调整电感量 L，使 $L = \dfrac{1}{(2\pi f)^2 C}$，可以产生谐振。

（3）当电源频率一定时，调整电容量 C，使 $C = \dfrac{1}{(2\pi f)^2 L}$，可以产生谐振。

电压谐振时将产生高于额定电压数倍的过电压，对电气设备的安全运行造成很大危害。

在电感线圈（可用电感 L 串电阻 R 模拟）和电容元件（电容量为 C）并联组成的电路中，满足下列条件之一，就会发生电流谐振，也称并联谐振。

（1）当 L、C 一定时，电源频率 $f=\dfrac{1}{2\pi}\sqrt{\dfrac{1}{LC}-\left(\dfrac{R}{L}\right)^2}$，可以产生谐振。

（2）当电源频率一定时，调整电容量 C，使 $C=\dfrac{L}{R^2+(2\pi fL)^2}$，可以产生谐振。

（3）当 $2\pi fCR\leqslant 1$ 时，调节电感 L 也可能产生电流谐振。

电流谐振时将在电容或电感元件上流过很大的电流，会造成电路的熔丝熔断或烧毁电气设备。

5-8 简述串联变频谐振耐压试验原理与主接线。

由于工频耐压试验所需试验设备容量非常大，而采用 $20\sim300\,\mathrm{Hz}$ 串联变频谐振的方法进行交流耐压试验，可以大大缩小试验电源容量，使试验简单易操作。其原理是通过配置合适的电抗器元件与设备主绝缘对地电容串联，通过变频电源在 $20\sim300\,\mathrm{Hz}$ 之间调整频率，选择串联谐振点，从而得到较高的串联谐振电压。

串联变频谐振耐压试验接线如图 5-3 所示。

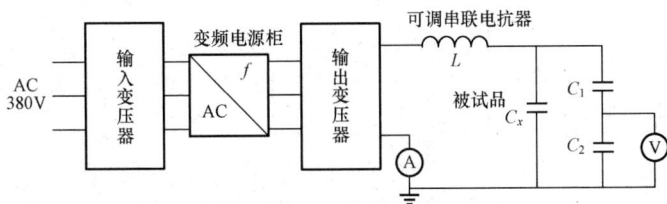

图 5-3 串联变频谐振耐压试验接线

$20\sim300\,\mathrm{Hz}$ 变频电源通过励磁变压器向试验回路提供能量，谐振电抗器 L 与试品 C_x 之间构成串联谐振回路，电容分压器 C_1、C_2 监测 C_x 上电压的同时，也参与到串联谐振回路中，避免因 C_x 电容量过小而无法在 $20\sim300\,\mathrm{Hz}$ 频率中找到谐振点。

串联谐振时：$f_0 = \dfrac{1}{2\pi \sqrt{LC}}$，$\omega_0 = \dfrac{1}{\sqrt{LC}}$。

5-9 什么是串联谐振回路的品质因数？它与哪些参数有关？

试品所获得的容量与励磁变压器输出容量之比，称作电路的品质因数 Q。对于串联谐振回路，也可用试品上的电压 U_C 与励磁变压器的输出电压 U 之比代替。由于谐振时，容抗等于感抗回路中阻抗 $Z=R$，电流 $I=U/R$，即有

$$Q = \frac{U_C}{U} = \frac{I\omega_0 L}{IR} = \frac{\omega_0 L}{R} = \frac{L}{R\sqrt{LC}} = \frac{1}{R}\sqrt{\frac{L}{C}}$$

因此，串联谐振回路的品质因数与回路中的电阻 R、被试设备与试验用电容分压器并联总电容 C 以及试验用串联电抗器的电感 L 有关。

5-10 串联谐振耐压试验中谐振电抗器如何选取？

在串联谐振耐压试验中谐振电抗器是由单支干式电抗器进行组合而成的，可并联、串联及混联。由于品质因数 $Q \propto \sqrt{L}$，串联的谐振电抗器，电感量增大，可以获得更高的电压；并联的谐振电抗器，电感量减小，电抗器可以承受更大的工作电流；混联的谐振电抗器则可以在获得更高电压的同时能够承受更大的工作电流。因此，在试验前应计算试品 C_x 的电容量，根据该电容量及需加的电压值选择谐振电抗器的数量及串并联状态，可以通过 $I = 2\pi f_0 CU$，来计算电抗器是否可以承受该试验电流。

5-11 简述感应耐压试验的原理与接线。

感应耐压试验与交流耐压试验相类似，但使用的是变压器低压绕组加压，因此能够检查全绝缘变压器的纵绝缘（绕组层间、

匝间及段间）和分级绝缘变压器的主绝缘和纵绝缘（绕组对地、相间及不同电压等级的绕组间绝缘）。为了在试验电压下铁芯不饱和，通常使用变频电源提高电源频率，但因为铁芯中的损耗随着频率的上升而显著增加，频率不宜高于400Hz。感应耐压试验接线如图5-4所示。

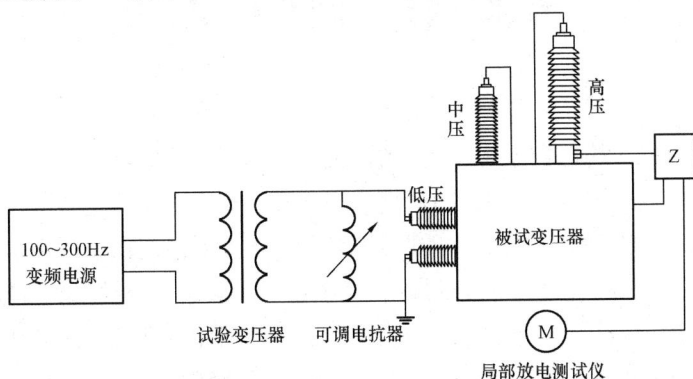

图 5-4　感应耐压试验接线

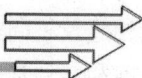

第六章

直流耐压及泄漏试验

6-1 简述直流耐压及泄漏试验的试验原理与接线。

直流耐压与泄漏试验原理相同，都是通过晶体管逆变或倍压整流等方式将直流高压加在被试设备上，并通过高低压侧自动挡位切换电流表进行电流测量，与半波整流电路仪器相比，体积小、试验容量大，试验后降压带有自放电功能，已经全面取代半波整流电路仪器。直流耐压及泄漏试验的接线如图 6-1 所示。

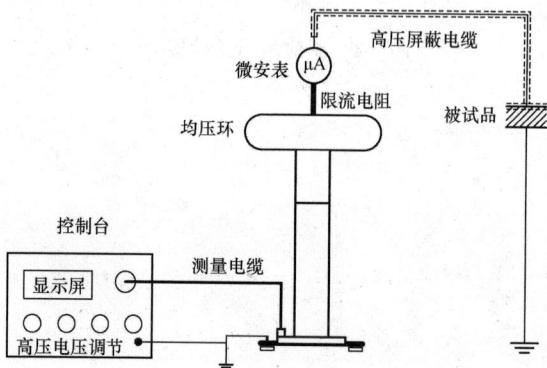

图 6-1 直流耐压及泄漏试验的接线

6-2 直流泄漏试验与绝缘电阻试验有何异同之处？

测量绝缘体的直流泄漏电流与测量绝缘电阻的原理是基本相同的，所不同之处是，直流泄漏试验的电压一般比绝缘电阻表电压高，并可任意调节，而绝缘电阻表由于其负载特性以及电源限制，其端电压并不稳定，因而测量直流泄漏电流比测量绝缘电阻能更有效地发现缺陷，更灵敏地反映瓷质绝缘的裂纹、夹层绝缘的内部受潮及局部松散断裂、绝缘油劣化、绝缘的沿面炭化等。

另外，直流泄漏试验所测数据与绝缘电阻试验所测数据之间在一定程度上是可以进行比较的，如 500kV 油浸式电力变压器 10℃时施加 60kV 直流电压其泄漏电流参考值为 $20\mu A$，换算成绝缘电阻值即为油浸式电力变压器在该温度下绝缘电阻最低值 3000MΩ。

6-3 直流耐压试验时，微安表应放在什么位置？

微安表可以接在高压侧或低压侧，但对测试结果有一定影响。接在高压侧时，微安表对地绝缘，不受高压对地杂散电流的影响，测量的泄漏电流更准确，但读数和切换量程不方便，且微安表及微安表与试品之间的测试线应屏蔽。而接在低压侧时，读数和切换量程十分方便，但由于回路高压引线对地杂散电流及高压试验设备对地的泄漏电流都要经过微安表，会引起试验误差。

6-4 大容量电气设备直流耐压试验后，如何放电？

大容量电气设备直流耐压试验后，由于设备存储电荷较多，通常让设备经自身绝缘放电 1～2min，然后经仪器所配置的放电电阻放电 2～3 次，最后再直接接地，这样可以避免产生振荡过电压，防止设备损坏。若试验后直接接地放电，由于电感和电容的作用，假如放电电阻小于 $2\sqrt{L/C}$，电路会产生振荡，可能会产生较大的放电电流及较高的过电压。

6-5 为什么泄漏试验升压速度不宜过快？

电介质在直流电压作用下的总电流分为电容电流、吸收电流和漏导电流三部分，其中漏导电流不会随时间而衰减，可以认为是纯阻性的,因此与升压速度的快慢无关;电容电流是快速极化过程中形成的位移电流,瞬间即逝,也不会与升压速度的快慢有关;而吸收电流是由缓慢极化产生的,衰减要慢得多。如果升压速度慢一些,则升压过程中有较长的吸收时间,因而吸收电流衰减为零的时间也较充分,这样按规定读取 1min 后的电流值就比较真实;而如果升压过快,相当于电源电压的频率增加,偶极子转向受阻大,因而吸收电流衰减的时间也需较长,测得的电流将是吸收电流分量与泄漏电流分量之和,所以将会比真实泄漏电流值要大。尤其是一些电容量较大的设备,电介质的吸收现象更明显,升压过快读数误差更大。因此,在现场试验中一般 40%试验电压以内不做规定,余下 60%试验电压按照每秒 3%试验电压控制升压速度。

第七章

介质损耗因数及电容量试验

7-1 什么是介质损耗？

绝缘材料在电场作用下，由于介质电导和介质极化的滞后效应，在其内部引起的能量损耗，叫介质损耗。

7-2 什么是介质损耗角？

在交变电场作用下，电介质内流过的电流相量与电压相量之间的夹角（功率因数角 φ）的余角（δ）。

7-3 什么是介质损耗因数？

介质损耗因数又称介质损耗角正切值，按功率可定义为

$$介质损耗因数(\tan\delta) = \frac{被测试品有功功率\ P}{被测试品的无功功率\ Q} \times 100\%$$

如果取得试品的电流相量 $\dot{I}$ 和电压相量 $\dot{U}$，则可以得到如图 7-1 所示的相量图。

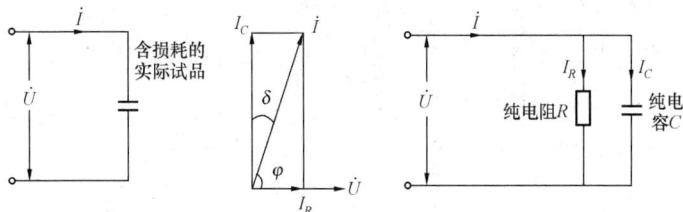

图 7-1 相量图

总电流可以分解为电容电流 I_C 和电阻电流 I_R，因此

介质损耗因数$(\tan\delta)=\dfrac{P}{Q}\times100\%=\dfrac{UI_R}{UI_C}\times100\%=\dfrac{I_R}{I_C}\times100\%$

7-4　理想介质的模型有哪几种？试简单分析。

含有介质损耗的电容器都可以模拟成 R、C 并联和串联两种理想模型（分别如图 7-2 和图 7-3 所示）进行分析。

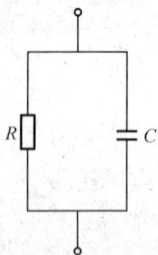

图 7-2　并联模型　　　　图 7-3　串联模型

（1）并联模型。认为介质损耗是与电容并连的电阻产生的，这种情况 R、C 两端电压相等。

有功功率 $P=\dfrac{U^2}{R}$，无功功率 $Q=\dfrac{U^2}{1/\omega C}=\omega CU^2$，因此

$$\tan\delta=\frac{P}{Q}=\frac{1}{\omega RC}$$

其中 $\omega=2\pi f$，f 为电源频率。可见，如果真正用一个纯电阻和一个纯电容模拟介质损耗的话，它与频率成反比。当 $R=\infty$ 时，没有有功功率，介质损耗为 0。

（2）串联模型。认为介质损耗是与电容串联的电阻产生的，这种情况电路的电流相等。

有功功率 $P=I^2R$，无功功率 $Q=\dfrac{I^2}{\omega C}$，因此

$$\tan\delta=\frac{P}{Q}=\omega RC$$

可见，如果真正用一个纯电阻和一个纯电容模拟介质损耗的话，它与频率成正比。当 $R=0$ 时，没有有功功率，介质损耗为 0。

7-5 对于不同原理的介质损耗电桥对同一试品进行测试，结果有何异同？

在实际试品中，实际试品在一个固定频率下，既可以用串联模型也可以用并联模型表示。例如 50Hz 下，图 7-4 和图 7-5 两个电路对外呈现的特性完全一样：均为 $\tan\delta = 31.4\%$，$Z = 100 - 318\text{jk}\Omega$。

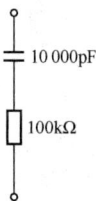

图 7-4　串联电路　　　　图 7-5　并联电路

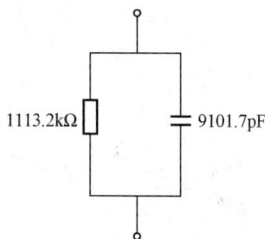

不同的电桥测量这两个试品，其介损都是 31.4%，但西林电桥测量的电容量是 10 000pF，电流比较仪电桥测量的电容量是 9101.7pF。这是因为西林电桥认为试品是串联模型，而电流比较仪电桥则认为试品是并联模型。

实际上当介质损耗在 10% 以下时，这种电容量的差别是很小的，但通常认为并联模型更接近于实际情况。

7-6 介质损耗电桥按工作原理如何分类？

根据介质损耗电桥的工作原理，基本上可以分为西林电桥、M 型电桥、电流比较仪型电桥，还有类西林电桥的数字电桥。

（1）西林电桥。西林电桥是平衡电桥原理，其接线如图 7-6 所示，R_x、C_x 为被试设备的电容和电阻，R_3 为可调节纯电阻，C_N 为高压标准电容器，C_4 为可调电容器，R_4 为纯电阻，P 为交流检流计，电桥四个臂阻抗分别用 Z_1、Z_2、Z_3、Z_4 表示，当 $Z_1 \times Z_4 = Z_2 \times Z_3$ 时，检流计指示为零，电桥平衡，从而可以得出 $\tan\delta$ 与 C_x。

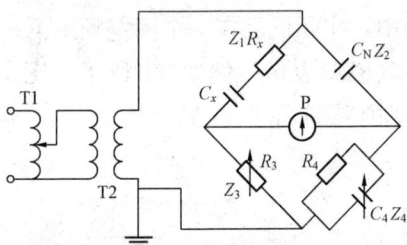

图 7-6　西林电桥接线

（2）M 型电桥。M 型电桥接线如图 7-7 所示。将试品改为并联模型。注意到 I_r 与 I_{c_x}、I_{c_n} 差 90°。

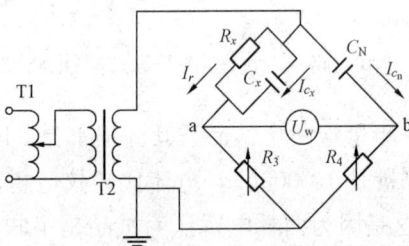

图 7-7　M 型电桥接线

$$U_w = \sqrt{(I_{c_n} R_4 - I_{c_x} R_3)^2 + (I_r R_3)^2}$$

调节 R_4 使 U_w 最小。这时 $I_{c_n} R_4 = I_{c_x} R_3$，$U_w = I_r R_3$，因此

$$\tan\delta = \frac{I_r}{I_{c_x}} = \frac{U_w}{I_{c_n} R_4}$$

由于 a、b 间电压没有完全抵消，因此 M 型电桥也称为不平

衡电桥。U_w 测量的是绝对值，低介质损耗时电压很低，难以保证测量精度。

（3）电流比较仪型电桥。电流比较仪型电桥的原理为矢量电压法，利用两个高精度电流传感器，把流过试品 C_x 与标准电容器 C_N 的电流信号进行转移并计算比较，从而得出电容量和介质损耗因数，这类电桥多用于试验室。电流比较仪型电桥的接线方式如图 7-8 所示。

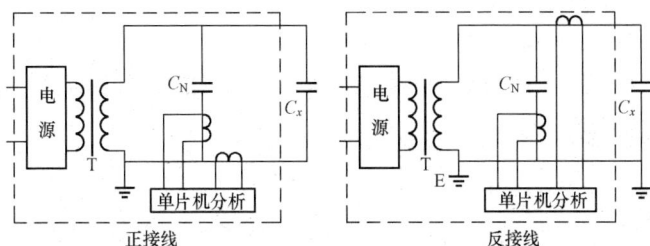

图 7-8　电流比较仪型电桥的接线方式

（4）数字电桥。数字电桥类似于西林电桥，精度更高，现场抗干扰性能更好，但桥体并不完全平衡。数字电桥接线如图 7-9 所示。R_3、R_4 两端的电压经过 A/D 采样送到计算机，求得 $\dot{U}_x$、$\dot{U}_n$。

$$\dot{I}_{c_n}=\frac{\dot{U}_n}{R_4}, \qquad \dot{I}_{c_x}=\frac{\dot{U}x}{R_3}, \qquad \dot{U}=\frac{\dot{I}_{c_n}}{j\omega C_N}$$

$$\text{该品阻抗}\quad Zx=\frac{\dot{U}}{\dot{I}_{c_x}}=\frac{R_3}{R_4}\cdot\frac{\dot{U}_n}{\dot{U}x}\cdot\frac{1}{j\omega C_N}$$

进一步可求得试品介损和电容量。

数字电桥的最大优势在于可以实现自动测量，可以补偿所有原理性误差，没有复杂的机械调节部件，测量以软件为主，性能十分稳定。

7-7　以西林电桥为例简述介质损耗因数试验的常用接线方式。

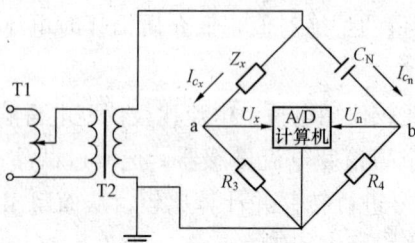

图 7-9 数字电桥接线

常用电桥接线分为正接线和反接线。

（1）正接线。试品不接地，桥体 E 端接地，如图 7-10 所示。

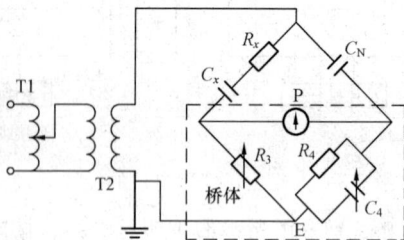

图 7-10 正接线

（2）反接线。正接线桥体处于地电位，操作安全方便，但是除电容型套管、断口均压电容等两端均对地绝缘的设备以外，现场设备几乎都是外壳接地的，测量主绝缘介质损耗因数时只能使用反接线，如图 7-11 所示，测试时桥体处于高电位，测试时还会受到寄生电容的影响。

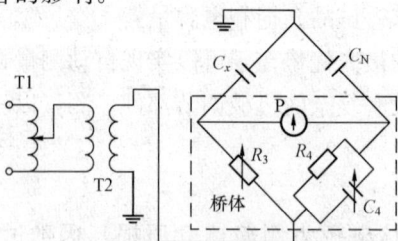

图 7-11 反接线

7-8 根据介质损耗因数试验接线的差异，具体试验如何选取试验方法？

常规介质损耗因数测试有正反两种试验接线，由于被试品对地电容及周围带电导体电场的影响，两种接线方式的测试结果是不相同的。

正接线测量时，接地点是电桥的屏蔽点，高压加压处与周围接地部分之间的电容和介质损耗因数均被屏蔽掉；而反接线测量结果包含试品高压部分与空间对地电容及其介质损耗因数，因而一般来说反接线测量的介质损耗因数与电容量比正接线测量值大，而试品电容越小，杂散电容所占的比例就越大，也就对测试结果影响越大。

因此在现场试验时，应尽量选取抗电场干扰、测试误差小的正接线试验接线，但对于很多安装到位的电力设备，如变压器、充油式电流互感器等，只有选用反接线测量。

7-9 现场进行介质损耗因数测试时有哪些干扰，如何消除？

现场介质损耗因数测量的干扰源主要有电场、磁场以及被试品表面电导等。

消除外电场干扰，可通过切除产生干扰的电源或移开被试品，以及直接取用干扰源作为试验电源，或提高试验电压使干扰程度减小，在现场通常采用以下方法：

（1）在试品上加屏蔽环或罩。

（2）使用移相器移相。

（3）使用选相器倒相。

（4）使用异频电源。

消除磁场干扰，可以移动电桥位置，避开干扰源或改变电桥角度，转动到干扰最小的角度或使用一体式金属外壳屏蔽磁场的方法。

消除表面电导，可以采取以下方法：

（1）加屏蔽环。

（2）绝缘表面烘干或涂憎水性材料，如硅油等。

7-10 电气设备绝缘介质损耗因数与温度之间的关系是什么？

电气设备绝缘介质损耗因数一般是随温度的升高而升高的，这是因为温度升高后，介质中的离子运动加强，绝缘电阻下降，泄漏电流增大，而电容变化很小，因此介质损耗因数增加。为了便于比较试验结果，经常需要将不同温度下测得的介质损耗因数换算至 20℃ 下。但由于绝缘材料性质千差万别，因此介质损耗因数的温度系数也不尽相同，需要查询相应设备的温度系数。

温度过低时，受潮设备的介质损耗因数比干燥的时候还要低，这是由于水在油中的溶解度随温度降低而降低，甚至在低温下析出并沉积在底部结冰，此时所测结果并不准确，不易查出缺陷，同时由于仪器在低温下测量准确度也较差，因此应尽量避免在低温下进行设备的介质损耗因数试验。

7-11 介质损耗因数与试验电压之间有什么关系？什么情况下要进行额定电压下介质损耗因数测试？

绝缘良好时，随着试验电压的升高，有功电流与无功电流都成比例增加，因而介质损耗因数与电压无关，仅在外加电压很高时才略有增加，如图 7-12 中曲线 a 所示。

曲线 b 为绝缘老化的情况。在气隙起始游离点之前，$\tan\delta$ 比良好绝缘要低，过了起始游离点之后则迅速上升，且起始游离点也比良好绝缘低。

曲线 c 为绝缘中存在气隙的情况。在试验电压未达到气体起始游离电压之前，$\tan\delta$ 保持稳定，但在电压提高气隙游离后，

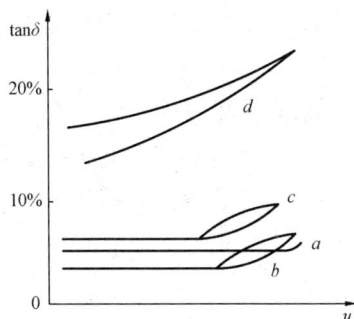

图 7-12 介质损耗因数与试验电压的关系

tanδ 急剧增大，当电压逐步下降时，由于气体放电随时间和电压的增强而增强，因而 tanδ 高于升压时相同电压，直到放电终止，曲线才又重合。

曲线 d 是绝缘受潮的情况。在较低电压下，tanδ 已较大，随着电压的升高 tanδ 继续增大；在逐步降压时，由于介质损耗因数的增大已使电介质发热温度升高，因此 tanδ 值比升压时略高。特别是对于多孔的纤维，电介质吸湿后，不仅电导损耗大，还会出现夹层极化，因此 tanδ 将大为增加。

由于不同绝缘状态介质的介质损耗因数与电压之间的关系呈现不同的变化曲线，因而可以对存在疑问的设备进行额定电压下的介质损耗因数测试，从而进行更为准确的判断。以高压套管和电流互感器为例，根据国家电网公司《设备状态检修规章制度和技术标准汇编》相关要求，在电容量与介质损耗因数测试中，如果测量值异常（测量值偏大或增量偏大），可以进一步测量介质损耗因数与测量电压之间的关系曲线，测量电压从 10kV 到 $U_m/\sqrt{3}$，介质损耗因数的增量不应大于 ±0.003，且介质损耗因数不超过 0.007（$U_m \geqslant 550\text{kV}$）、0.008（$U_m$ 为 363kV/252kV）、0.01（U_m 为 126kV/72.5kV）。

7-12 设备介质损耗因数测试能发现什么缺陷，有效性如何？

测量介质损耗因数，能够反映出整体绝缘的分布缺陷，如油的劣化变质、绕组受潮、固体绝缘材料老化等，对多油断路器、变压器、套管、电流互感器、电压互感器等设备都有一定效果。特别是对绝缘老化、受潮等贯通性缺陷的判别较为灵敏。由于介质损耗因数是绝缘内功率损耗大小的标志，它与被试品自身的体积、尺寸、大小等因素关系不大，因而易于比较，标准也好掌握。

对于小电容量设备如套管、互感器、耦合电容器等设备，介质损耗试验能够有效地发现的整体分布性缺陷和局部集中性缺陷，如介质老化、变质、有裂纹或其内有气泡、水分、杂质混入等缺陷；但是对于大电容量设备如电缆、电容器及变压器类大型多元件组合设备，由于局部集中性的缺陷所引起的损失只占总损失的极小部分而被掩盖，而实际测量的总体介质损耗则总是介于各个元件介质损耗最大值与最小值之间，因而对局部的严重缺陷反应不够灵敏，而只能发现整体分布式缺陷。

第八章

变 压 器 试 验

8-1 简述变压器绝缘试验基本接线。

单相自耦变压器绝缘电阻试验接线如图 8-1 所示，单相自耦变压器高、中压和零序为一个绕组，低压为一个单独绕组，被试绕组短路接绝缘电阻表 L 端，非被试绕组短路接地接绝缘电阻表 E 端，测量低压对高、中、零序及地绝缘电阻，测量高、中、零序对低压及地绝缘电阻接线与之类似。应根据被试变压器选取相应电压等级的绝缘电阻表，由于需要测量吸收比和极化指数，一般选用电动绝缘电阻表。

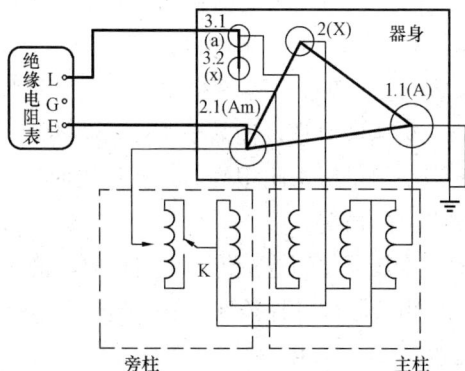

图 8-1 单相自耦变压器绝缘电阻试验接线

三相三绕组变压器绝缘电阻试验接线如图 8-2 所示，测量高压对中、低压及地绝缘电阻，被试绕组短路接绝缘电阻表 L 端，非被试绕组短路接地接 E 端，根据被试变压器选取相应电压等级的绝缘电阻表测量。

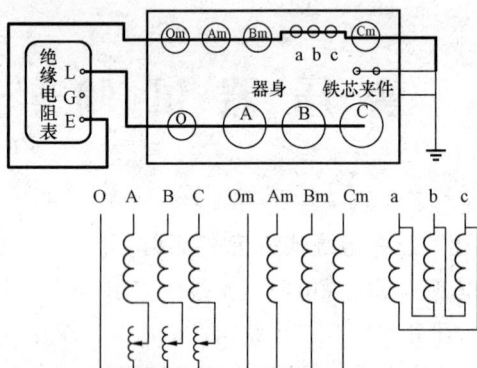

图 8-2　三相三绕组变压器绝缘电阻试验接线

8-2　进行大型变压器绝缘电阻试验时，设备良好，为什么吸收比和极化指数却不合格？

根据 DL/T 596—1996《电力设备预防性试验规程》规定，变压器绕组吸收比（10～30℃范围内）不低于 1.3 或极化指数不低于 1.5，这是由于大型变压器容量很大，吸收过程很长，以至于吸收比可能无法达到要求，而需要测试极化指数。但在现场测试中也有发现当绕组绝缘电阻很高时，无论吸收比还是极化指数都无法达到要求值的情况。

某 220kV 主变压器绕组进行绝缘电阻试验，使用 200GΩ 量程的 5000V 绝缘电阻表测得各种条件下的吸收曲线如图 8-3 所示。

测试时湿度 75％，气温 20℃，变压器停运 3 天，测试按照常规试验方法，各侧绕组使用熔丝短路，一侧接绝缘电阻表 L 端，另两侧接地。

曲线①绝缘电阻表在地面，使用延长测试线接在绕组上，

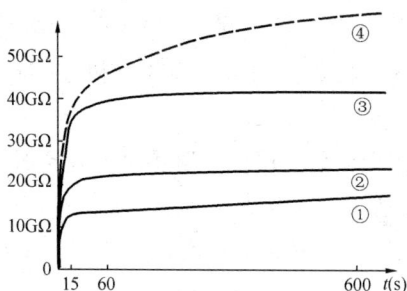

图 8-3　吸收曲线

$K = 1.089$。

曲线②将绝缘电阻表移至变压器本体上，去掉接长的测试线后，仅使用仪器测试专用线，$K = 1.15$。

曲线③仅使用仪器测试专用线，并在套管加屏蔽，$K = 1.28$。

曲线④为预计绝缘吸收曲线。

从现场试验中可以看出，当绕组绝缘很高时，测到的往往不是绕组绝缘电阻的真实值，因为要受到外部条件的并联影响，这些影响包括绝缘电阻表对地电阻，绝缘电阻表使用非专用测试线的杂散电流，三相短路所使用的熔丝不光洁，变压器加压侧套管表面脏污、潮湿，以及套管将军帽上的尖端对空气放电等这些都增加了对地的泄漏电流。在绝缘电阻很高的前提下，由于绕组的吸收现象还未结束，就被外部的对地绝缘电阻所限制，吸收比和极化指数出现不合格的情况。

根据上述试验中发现的问题，还需将用于短路的熔丝，改用绝缘良好的短路线，并在套管头部加屏蔽罩，这样才能得到比较真实的吸收曲线，类似于曲线④。

因此在状态检修技术标准中，绕组绝缘电阻的规定更新为：①绝缘电阻无显著下降；②吸收比不小于1.3或极化指数不小于

1.5 或绝缘电阻不小于 10 000MΩ，即在绝缘电阻不小于 10 000MΩ的情况下，就不再强调吸收比和极化指数。

8-3 为什么变压器出厂试验时不进行直流试验？

变压器直流泄漏试验与绝缘电阻试验是类似性质的试验，但直流泄漏试验测量电压更高更稳定，一般是 40kV（330kV 及以下）和 60kV（500kV 及以上），状态检修试验规程中将其作为诊断性试验项目。这个试验能比较灵敏地发现绕组对地绝缘部件的缺陷，如绝缘支架受潮、套管裂纹等缺陷。但在变压器出厂试验时并不进行该试验，因为出厂试验项目中还有一系列比较严格的项目如感应耐压、局放等，足以发现这些缺陷，加上在变压器制造和试验车间里不适宜开展过高电压的直流试验，因此变压器制造厂执行的试验标准中未对直流试验进行相关规定。

8-4 变压器吊罩大修时，应测量哪些部位的绝缘电阻值？

（1）有穿芯螺栓的变压器，首先应测量穿芯螺栓对铁芯和夹件的绝缘电阻，此时不需要打开铁芯与夹件间的接地，也可分别测试穿芯螺栓对铁芯和穿芯螺栓对夹件的绝缘电阻。

（2）铁芯与夹件间的绝缘电阻，如铁芯、夹件连在一起接地，应打开连接片后测量。

一般上、下夹件连通后单独引出接地，但也有变压器上下夹件并不联通，而是下夹件在本体内部与铁芯连接在一起，上夹件单独引出，也有上夹件在本体内部与铁芯连接后只引出一个接地的，因此应分别打开连接部位分别测量铁芯对上夹件、铁芯对下夹件的绝缘电阻。

（3）无穿芯螺栓的变压器，铁芯用绝缘带绑扎后再用金属拉环和钢带锁紧的，应测试拉环和钢带对铁芯和地的绝缘电阻，每处应分别测量。

（4）旁轭铁芯外加屏蔽层再用纸板包扎的，铁芯的外屏蔽也有接地连线，如能拆卸也应当拆开接地线后测试屏蔽层对铁芯的绝缘电阻。

8-5 如何对变压器绕组介质损耗因数测试结果进行分析判断？

一般情况下，变压器的绕组 tanδ 测得的是被试整个绕组对其他绕组及外壳的总体积电容损耗的平均值，不容易发现局部缺陷。按照状态检修技术标准，20℃ 下 330kV 及以上绕组介质损耗因数应不大于 0.005（注意值），220kV 及以下应不大于 0.008（注意值），但根据多年实测结果看，绝缘良好的变压器，其各侧绕组的 tanδ 均在 0.2% 左右，换算到 20℃ 下本次比上次增加 30%，应引起注意。

tanδ 异常增大的原因分析：

由于温度的影响可以将试验结果换算到 20℃ 时的 tanδ 来消除，因此应首先分析湿度的影响：由于测试绕组的 tanδ 一般采用反接法，套管外绝缘如未清擦干净，在湿度大时会引起 tanδ 的增大，测试时应特别注意空气湿度。

然后分析测试接线及仪器的影响：由于变压器绕组测试 tanδ，大多使用自动电桥，电桥所配测试线是足够长的，但在使用过程中，由于引线夹子损坏等原因，试验人员可能会使用熔丝等裸导线作为延长线，增加了对地电容的 tanδ，造成测试结果的误差。在绕组测试中，仪器接线无误，但是变压器本体接地不良以及套管末屏接地不良，会引起试验时末屏或本体电位悬浮对地放电，影响测试结果。

同时要综合变压器运行检修状况：如分析和排除检修滤油的影响，检修滤油一般会使油品更良好，但有时因为意外也会使油质变坏，如下雨时管路积水、混油不当或注入脏物等，因此要了解两次试验之间有没有进行过检修放油、加油或滤油处理情况；要分析运行中出口短路及承受过电压后的影响，出口短路常使线圈变形，对地距离及对别的绕组的距离减小，甚至使线圈绝缘在变形中受伤，过电压可使线圈在某些部位产生局部放电，减小了绝缘的厚度，这些除使 tanδ 有所增大外，主要是使线圈对其余线圈及地的电容量增大，当测试出电容量发生明显变化时，要分析运行中异常所产生的影响，增加不同部位的 tanδ 测试，计算出电容增大的具体部位。

另外，由于变压器绕组制成后同时进行烘干，因而规程要求同一变压器各绕组 tanδ 的要求值相同，如果相差较多，也应该查明原因。如某 220kV 主变压器，可能是变压器出厂时干燥不彻底，出厂和交接试验时中、低压侧 tanδ 大约为 0.6%，由于中、低绕组在内部，运行后发热将潮气向外层赶出，几年后测试高压侧 tanδ 增大为 0.7%，中、低压绕组反而降为 0.3% 左右。

8-6 如何对已安装在变压器上的电容型套管进行介质损耗因数测试？

在安装前进行末屏试验时，套管一般立放于套管架上，测试时直接用反接法测试即可，此时套管对地悬空。而安装后测量套管末屏对地电容和 tanδ 时，与在套管架上单独测量不同，由于套管高压端与绕组相连，如果绕组接地，则测量值是套管主电容与末屏对地电容的并联 tanδ 值，即使高压端不接地，线圈电感以及线圈本身对地电容也不可忽略不计，测量结果与在套管架上的结果无法对比。

在现场对已经安装于变压器的套管进行末屏测试的方法有三种：

（1）反接线高压屏蔽法。测试时采用反接线，测试芯线接套管末屏，屏蔽线接于被试套管高压端（绕组）上，套管高压端（绕组）不接地，如图 8-4 所示。此时主电容内外侧电压相等，主电容被屏蔽掉，可以测出该套管的真正的末屏对地的电容量和 $\tan\delta$。

（2）反接线低压屏蔽法。这种测试需要测试仪器具有反接线低压屏蔽测试功能，测试时将高压测试线接于套管末屏，低压测试线接于套管高压端（绕组），如图 8-5 所示，测试时末屏对主电容的电流通过电压 C_N 回路被直接屏蔽掉，从而直接利用该功能测试末屏对地介质损耗因数。

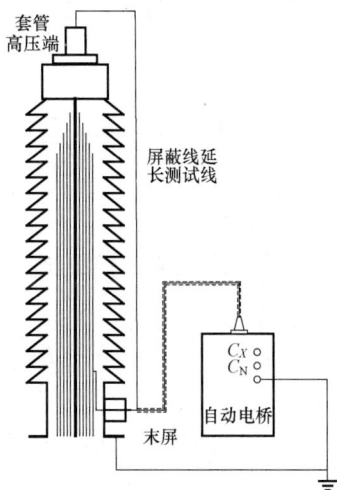

图 8-4　反接线高压屏蔽法　　　图 8-5　反接线低压屏蔽法

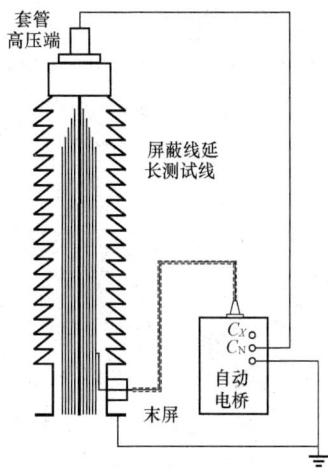

（3）数据计算法。这种方法需要测试两次，第一次将套管高压端接地，用反接法测出主电容与末屏电容并联的 $\tan\delta_\Sigma$ 和 C_Σ，再用正接法测出主电容的 $\tan\delta_1$ 和 C_1，再计算出 C_2 和 $\tan\delta_2$，但误差较大。

8-7　为什么油纸电容型电流互感器和套管介质损耗因数增大时，电容量有的变化明显，有的却几乎不变？

油纸电容型电流互感器和套管具有相似的内部绝缘结构，都是通过一层层油纸形成层间电容，隔离均压带电导体与外绝缘之间的电压分布。油纸电容型电流互感器和套管的 $\tan\delta$ 增大，如果仅仅是因为电容芯内层干燥不彻底或局部受潮引起的，在运行过程中随着潮气逐步扩散到整个电容芯子，引起 $\tan\delta$ 逐步增大，其电容屏的电容量一般不会变化或变化很少。如某单位一批 220kV 电容式电流互感器因干燥不彻底，运行后潮气逐渐扩散，使 $\tan\delta$ 逐年增大，但电容量几乎没有变化。

但是如果油纸电容型电流互感器和套管 $\tan\delta$ 增大是因为局部放电引起电容层击穿，或者是由于缺油并引起电容芯子上端局部放电，则都会使 $\tan\delta$ 增大的同时电容量也明显增大。如某 220kV 主变压器套管 $\tan\delta$ 增大后，电容量也增大 17%，解体后发现末屏处放电使电容屏被击穿 5 层。

8-8 为什么大型变压器类试验进行介质损耗因数测试并不灵敏？

对于变压器类多元件组合且容量比较大的设备，其绝缘是由多种不同绝缘材料或多个不同部件组合而成的，整个设备绝缘的等值电路为多个 RC 单元串联或并联或混联而成，因而总体介质损耗是各个部分介质损耗的综合值。

绝缘的等值电路如图 8-6 所示，若为并联回路，则有

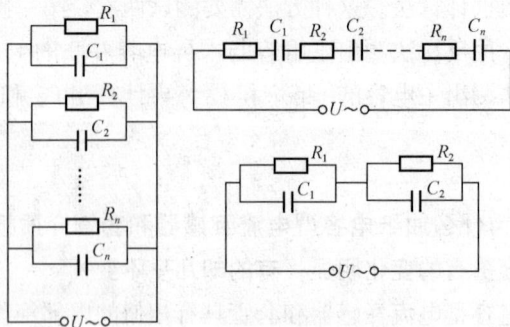

图 8-6 绝缘的等值电路

$$\tan\delta = \frac{C_1 \tan\delta_1 + C_2 \tan\delta_2 + \cdots + C_n \tan\delta_n}{C_1 + C_2 + \cdots + C_n}$$

若 $n=2$，则有

$$\tan\delta = \frac{C_1 \tan\delta_1 + C_2 \tan\delta_2}{C_1 + C_2}$$

若为串联回路，则有

$$\tan\delta = \frac{\tan\delta_1/C_1 + \tan\delta_2/C_2 + \cdots + \tan\delta_n/C_n}{1/C_1 + 1/C_2 + \cdots + 1/C_n}$$

若 $n=2$，则有 $\tan\delta = \dfrac{C_1 \tan\delta_2 + C_2 \tan\delta_1}{C_1 + C_2}$

由于混联电路分析较不便，仅讨论两组元件的混联情况，则有

$$\tan\delta = \frac{C_1 \tan\delta_2 (1 + \tan\delta_1^2) + C_2 \tan\delta_1 (1 + \tan\delta_2^2)}{C_1 (1 + \tan\delta_1^2) + C_2 (1 + \tan\delta_2^2)}$$

通过以上公式可以看出无论是串联还是并联情况，总体介质损耗因数值都将偏于电容量较大的那一部分，若假定总体积一定的情况下，电容量与体积成正比的话，即 $C_1/C_2 = V_1/V_2$ 时，同时 $V_1 \gg V_2$，即 $C_1 \gg C_2$ 时，无论串联或并联都有 $\tan\delta \approx \tan\delta_1 + \dfrac{V_2 \tan\delta_2}{V_1}$。可见，占总体积很小的局部集中性缺陷不能从 $\tan\delta$ 明显反映出来。

8-9　什么是局部放电？

所谓局部放电，是指在高压电器内部绝缘的局部位置发生的放电。这种放电只存在于绝缘的局部位置，而不会立即形成整个绝缘贯通性的击穿或闪络，故称之为局部放电。

8-10　局部放电产生的原因与危害是什么？

一般来说，局部放电产生的原因是由于内部结构不合理造成

电场分布不均匀，或者是因制造、运输、安装工艺不当引起的金属尖角毛刺等造成电场畸变引起的。这些局部放电现象会对绝缘形成直接破坏，或者产生的热、臭氧及氧化氮等活性气体的化学作用，使局部绝缘受到腐蚀。

8-11 进行局部放电试验的目的是什么？

进行局部放电试验就是要通过一定电压下的放电量的测试，来判断设备内部是否存在这些使设备绝缘寿命降低和影响安全运行的非贯穿性问题，以保证设备的长期安全稳定运行。

8-12 什么是局部放电的起始和熄灭电压？

进行局部放电试验时，试验电压从没有产生局部放电的较低电压开始逐渐增加，上升到试品的局部放电量超过某一规定值时的最低电压，叫做局部放电的起始电压。

试验电压从局部放电的起始电压逐渐下降，下降到试品的局部放电量小于某一规定值时的最高电压值，叫做局部放电的熄灭电压。

8-13 变压器进行长时间感应电压试验及局部放电试验有何意义？

根据 GB 50150—2006《电气装置安装工程　电气设备交接试验标准》中规定，电压等级 220kV 及以上变压器在新安装时都应进行长时感应电压试验（ACLD），并附加进行局部放电试验。

变压器的绝缘可分为主绝缘和纵绝缘。主绝缘也叫横绝缘，主要包括变压器绕组的相间绝缘、不同电压等级绕组间绝缘和相对地绝缘；纵绝缘则包括同一绕组匝间绝缘和层间绝缘。在外施工频耐压的电气试验中，考验的仅仅是变压器的主绝缘，而随着变压器电压等级的提高、容量的增大，其匝间绝缘变得相对薄弱，但外施工频耐压的电气试验却无法对变压器的纵绝缘进行考验。感应电压试验则可以将变压器的主绝缘和纵绝缘同时得到考验。

长时间感应电压试验（ACLD）的电压与加压时间如图 8-7 所示，其中 D 段电压为 1.1 倍额定相电压，加压时间 $U_m \geqslant$ 300kV 时为 60min，$U_m < $300kV 时为 30min，用以模拟瞬变过电压和连续过电压作用的可靠性；附加的局部放电测量则是用于探测变压器内部非贯穿性缺陷。

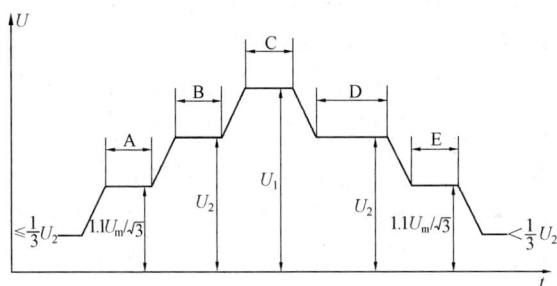

图 8-7　长时间感应电压试验的电压与加压时间

8-14　大型变压器现场局部放电试验和感应电压试验为何采用倍频试验电源？

变压器现场局部放电试验和感应电压试验的电压值一般都大大超过变压器的 U_N，如果将此 50Hz 的电压加在变压器上，变压器的铁芯将处于严重过饱和状态，励磁电流非常大，不但被试变压器承受不了，试验电源的容量也将非常大。由于变压器感应电动势 $E = 4.44WfBS$，匝数 W 和铁芯截面积 S 都是定值，为保证磁通密度 B 不使变压器铁芯过饱和，提高频率 f 上升到额定频率的 n 倍，则可以更容易的取得 n 倍的感应电动势，同时减小试验电源的容量。因此，局部放电试验和感应电压试验一般采用倍频试验电源。

8-15　电气设备绝缘中局部放电的检测方法有哪些？

电气设备绝缘中的局部放电是一种物理过程，在发生局部放电的过程中，一定会伴随着一些电的和非电的现象。局部放电的检测方法就是利用发生局部放电时伴随的某些电的和非电的现象的变化规律，比较常用的检测方法有：

（1）利用电现象的检测方法。局部放电的电现象是指局部放电在被试绝缘内部或外部产生的电压脉冲、电流脉冲、电荷变化和电磁场变化等。检测出这些变化的强弱和规律，在一定程度上可以判断绝缘中局部放电的存在和强弱。

（2）利用光现象的检测方法。局部放电也是一种放电现象，发生放电时，辐射光的强弱与放电的强弱成正比。但是绝缘内部的局部放电不向外辐射光线，因此无法检测绝缘内部的局部放电。

（3）利用发热现象的检测方法。局部放电引起的能量损耗，使绝缘发热，可以利用热电偶等方法测量绝缘的温度。但由于绝缘中能量损耗的产生原因不仅限于局部放电，因此检测灵敏度很低。

（4）利用声发射现象的检测方法。局部放电时通过的快速电流脉冲，会引起放电点周围绝缘的微弱机械振动向外传播，其频率中含有较多的超声成分。因此，贴在被试绝缘外壳表面的声电传感器把机械振动信号转化为电信号并记录下来。根据信号的强度判断被试绝缘中局部放电的强弱。如果利用多个声电传感器，将其放在被试绝缘外壳上的不同位置上，得到这些信号之间的时间差及传感器的相对位置，可以确定绝缘中局部放电点的位置。

其他还有一些测试方法，但由于测试灵敏度较低，使用不多。

8-16 测量变压器直流电阻时，不同接线形式如何进行换算？

对于星形联结，应测量各相绕组电阻，无中性点引出线的星形联结（见图8-8），可测量各线端间电阻，按下式计算各相电阻。

$$R_A = \frac{R_{AB} + R_{CA} - R_{BC}}{2}$$

$$R_B = \frac{R_{BC} + R_{AB} - R_{CA}}{2}$$

$$R_C = \frac{R_{BC} + R_{CA} - R_{AB}}{2}$$

对三角形联结（见图8-9），可测量各线端间电阻，然后按下式计算各相电阻。

$$R_A = \frac{R_{AB}^2 + R_{BC}^2 + R_{CA}^2 - (R_{AB} - R_{BC})^2 - (R_{BC} - R_{CA})^2 - (R_{CA} - R_{AB})^2}{2(R_{BC} + R_{CA} - R_{AB})}$$

$$R_B = \frac{R_{AB}^2 + R_{BC}^2 + R_{CA}^2 - (R_{AB} - R_{BC})^2 - (R_{BC} - R_{CA})^2 - (R_{CA} - R_{AB})^2}{2(R_{AB} + R_{CA} - R_{BC})}$$

$$R_C = \frac{R_{AB}^2 + R_{BC}^2 + R_{CA}^2 - (R_{AB} - R_{BC})^2 - (R_{BC} - R_{CA})^2 - (R_{CA} - R_{AB})^2}{2(R_{BC} + R_{AB} - R_{CA})}$$

式中，R_{AB}、R_{BC}、R_{CA} 为线端绕组电阻；R_A、R_B、R_C 为相绕组电阻。

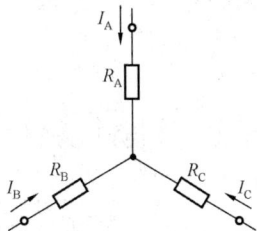

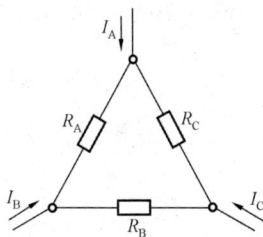

图 8-8　星形联结　　　　　图 8-9　三角形联结

8-17 状态评价技术标准中变压器直流电阻测试标准与预防性试验标准有何变化?

国家电网公司《设备状态检修规章制度和技术标准汇编》规定:

有中性点引出线时,应测量各相绕组的电阻;无中性点引出线时,可测量各线端的电阻,然后换算到相绕组。测量时铁芯的磁化极性应保持一致。要求在扣除原始差异之后,同一温度下:

a) 相间互差不大于2%(警示值)。

b) 同相初值差不超过±2%(警示值)。

DL/T 596—1996《电力设备预防性试验规程》中,对于变压器绕组直流电阻的要求:

1.6MVA以上变压器,各相绕组的电阻相互间的差别不应大于三相平均值的2%,无中性点引出的绕组,线端电阻间的差别不应大于三相平均值的1%;与以前相同部位测得值比较,其变化不应大于2%。

由此可以看出,在《设备状态检修规章制度和技术标准汇编》中有两方面的变化:

(1)由预防性试验规程中相间互差与三相平均值相比变为相间直接相比,提高了判断标准。

(2)额外规定了同相初值差的警示值,进一步提高了判断标准。

8-18 测量变压器直流电阻为什么不能使用普通整流直流电源?

测量直流电阻是测量绕组的纯电阻,如果用普通的整流直流电源,其交流成分会带来一定的交流阻抗含量,增大了测量误差,所以测量直流电阻的电源,只能选取干电池、蓄电池或者纹波系数小于 5‰的高质量整流直流电源。

8-19 变压器直流电阻超标的常见原因是什么？

（1）分接开关接触不良。这是由于分接开关内部不清洁、电镀层脱落、弹簧压力不够等原因造成的。

（2）变压器套管的导电杆与引线接触不良，紧固螺栓松动，将军帽接触不良等。

（3）焊接不良。由于引线和绕组焊接处接触不良造成电阻偏大；多股并绕绕组，其中有几股线没有焊上或脱焊，此时电阻可能偏大。

（4）三角形接线一相断线。

（5）变压器绕组局部匝间、层间、段间短路或断线。

8-20 进行变压器直流电阻测试以及对结果的分析判断时，应注意哪些问题？

国家电网公司《设备状态检修规章制度和技术标准汇编》中提高了变压器直流电阻的试验要求，因此除严格按照评价标准执行以外，还应在测试以及分析判断过程中注意以下几点：

（1）由于提高了测试标准，必须尽量减小测试误差，因此测量仪器的不确定度不应大于 0.5%，绕组电阻值应在仪器满量程的 70%以上，220kV 及以上绕组电阻测量电流宜为 5A，且铁芯的磁化极性应保持一致，若测量电流过大，可能产生较大的剩磁，甚至发热使测试结果出现偏差。

（2）由于受各种因素的影响，试验结果与上次比较，可能会出现一致的偏大或偏小，应注意个别偏离这一规律的情况，如两相偏大而一相偏小的情况应查明原因。

（3）对于带有有载分接开关的变压器，要特别注意在试验前应进行手动及机械切换，其中手动切换注意选择开关与切换开关的动作圈数，机械切换应达到两个循环以上，去除分接开关各个载流回路的金属氧化膜，保证试验的准确度，并在试验结果中分辨切换开关单双挡位、极性选择器的接触是否良好。

（4）对于无载分接开关的变压器，由于新更换的挡位在相当长的一段时间里没有金属接触，金属表面存在氧化膜，在更换挡位时应注意多转动切换几次，更要注意切换到位，必要时在更换挡位三到五天后进行一次色谱取样。

（5）对于500kV变压器多采用三相变压器组，进行相间比较的效果不如初值差的比较效果，特别是刚停运的变压器，由于周围防火墙和自身冷却装置散热通风的作用，三相之间的实际温度存在差异，而仅仅读上层油温计可能会造成误差增大，因此要尽量避免停电当天测量，但如果因无载变压器调挡需要而停电，停电时间很短，则在对试验结果进行分析比较时应特别注意温度的影响。

（6）一旦发现试验结果有异常，应注意分析具体原因，查阅运行记录，巡视中有无异常，红外测温结果是否正常，特别要注意近期色谱试验结果，进行综合判断。

8-21 为什么要定期测定有载分接开关的切换过渡时间？

有载分接开关的切换开关在承载负荷电流下转换，切换过程中有电弧的产生和熄灭，整个过程十分短暂，它的可靠性具有十分重要的作用。其过渡时间的长短、稳定、前后对称是检查、鉴定制造质量的关键。因此，过渡时间测定试验在型式、出厂、交接、大修、状态检修等例行试验中都被列为应试项目。

有载分接开关在运行使用过程中要切断电弧，在长期动作过程中会发生触头接触不良、过渡电阻发热断裂、储能弹簧疲劳松弛等问题，因此要求对运行后的有载分接开关进行过渡时间、切换波形的定期测量，以便发现过程性缺陷并及时处理，消除事故隐患。

因此，国家电网公司《设备状态检修规章制度和技术标准汇编》中要求：在绕组电阻测量之前检查动作特性，测量切换时间；有条件时测量过渡电阻，电阻值的初值差不超过±10％，每三年检查一次。由于绕组制造商或型号的不同，其具体要求应符合该设备相关技术文件。

8-22　简述有载分接开关特性试验原理。

有载分接开关特性测试仪的原理是通过直流恒流源向变压器绕组供电，当切换开关在 a、a1、b、b1 触头间完成切换过程中，通过检测两端电压的电压变化即可得到开关切换的过渡波形和过渡电阻。

有载分接开关特性测试原理图以及所测标准波形如图 8-10 所示。直流恒流源向变压器充电完成后，对有载分接开关手动切换，当仪器监测到电流、电压变化时，开始录波。当切换开关 K 切换至过渡触头 a1 位置时，过渡电阻 R_a 投入，由于变压器绕组为感性，直流恒流源在主绕组 L 上所积聚的电能在串入过渡电阻 R_a 时出现放电，波形记录出现第一个低谷；随后直流恒流源继续向变压器绕组充电至平衡，当切换开关切换至过渡触头 a1、

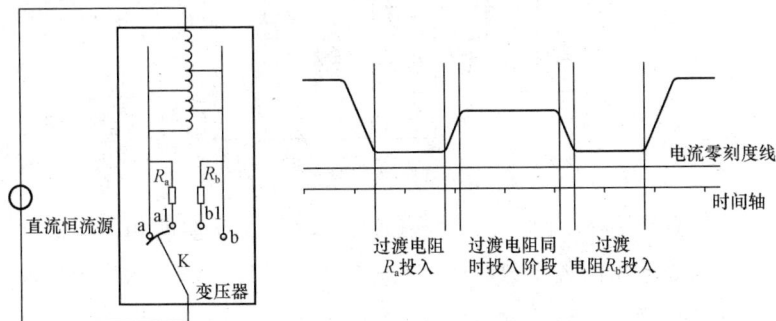

图 8-10　有载分接开关特性测试原理图以及所测标准波形

b1 时，两过渡电阻 R_a 与 R_b 同时投入，且在有载绕组 L2 上形成环流，此时波形记录出现第二个低谷；此后，切换开关 K 切换至过渡触头 b1 位置时，过渡电阻 R_b 投入，此时波形记录出现第三个低谷。

根据波形的情况可以分析有载分接开关可能存在的故障，而通过对波形低谷阶段的测量即可得到过渡电阻的阻值。由于测试时直流恒流源充电时间短，测试中过渡电阻串入回路会形成放电和环流，因而对过渡电阻阻值的测量精度并不高，与分接开关吊出检修进行直接测量的数值有差异，根据状态检修试验标准中"有条件时测量过渡电阻，电阻值的初值差不超过 10％"，此时应注意测试方法的一致性，不同的测试方法可能因测试误差而无法比较。

8-23 简述有载分接开关特性试验接线。

由于各种变压器分接形式不同，测量方法也不相同，下面分别进行介绍：

（1）YN 接线。按相接各自恒流源接线夹子，非被试绕组短路接地，YN 接线如图 8-11 所示。

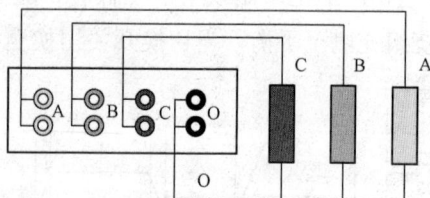

图 8-11　YN 接线

（2）Y 接线。由于无中性点，测试时每次试验两相，非被试相设为试验中的人为中性点，试验中的两相中任选一相将电源设定为"负"。以 A、C 相测量，将 B 相作为中性点为例，Y 接线如图 8-12 所示。

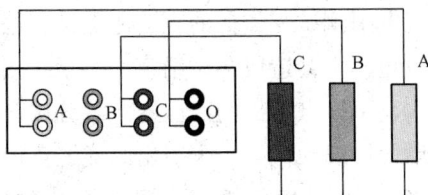

图 8-12　Y 接线

（3）△接线。△接线的有载调压变压器测量困难，测量时只能两相测量，而且由于测量时非被试相也并入回路，只有在三相同期差较小的情况下，测量波形才具有参考性。以 A、C 相测量为例，A、C 相测试线分别加在 A、B 绕组引出线上，这样 B 相绕组被短路，测量结果为 A、C 相串联情况，因此波形会因相间差异而相互干扰，△接线如图 8-13 所示。

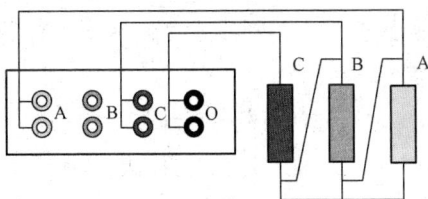

图 8-13　△接线

（4）单相测量。当三相测量波形比较乱或某一相始终测量不好时，可以将三相恒流源并联试验某一相，单相测量接线如图 8-14 所示。

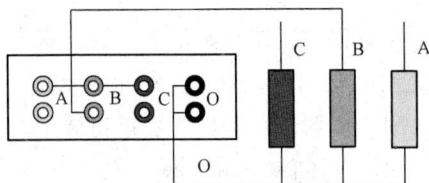

图 8-14　单相测量接线

8-24　测量有载分接开关切换波形应注意哪些问题？

测试常采用变压器有载分接开关综合测试仪，其原理基本上都是采用与直流电阻测试相类似的直流源测试方法，由于测试中直流加入时间极短，不会造成测试结束后由于线圈感性造成反击伤人。星形接线且中性点引出的变压器有载分接开关测试相对容易，但是对于星形接线中性点，未引出的或三角形接线的变压器在测量时需要细致地观察分析，在现场测试时还要注意以下几点：

（1）M 型和 T 型组合式有载分接开关的切换总是在单双之间进行，因此测一次单到双再测一次双到单即可。而对于复合型的 V 型开关，则必须测试全部分接位的双向切换，即从 1 到 N 测一遍，再从 N 到 1 测一遍。对于有问题的波形，应在正反两次测量的波形中综合判断，防止误判。

（2）星形无中性点引出或三角形接线测试的切换波形杂乱无章时，注意分析是否有一相断线或接触不良，需要结合直流电阻测试。

（3）长时间未动作过的有载分接开关，测试前应进行多次切合，磨去表面氧化层，对于下面要进行的直流电阻测试也很有必要。

（4）切换开关的灵敏度过高可能引起试验仪器在切换开关未动作前即停止采样，而灵敏度过低，则可能在切换开关已经切换完成，仪器仍未采样或采样不完全，灵敏度根据试验仪器的不同需要在现场判断。

（5）对于单相自耦变压器组，虽然三相结成星形联结，但是现有试验仪器无法同时测试，只能进行单相测试。

（6）大多数测试仪器都在测试时提供过渡电阻值，但由于所加直流容量非常小，时间又极短，测试值与实际值之间差别很大，有条件的情况下应在吊出检修时进行直接测量。

8-25　简述变比试验原理与接线。

变比又称为电压比，是指变压器类设备空载运行时，一次电压与二次电压的比值。变比试验是变压器类设备安装及诊断性试验项目，其主要作用是检查变压器绕组匝数比是否正确，从而判断多台变压器是否可以并列运行、变压器分接开关是否存在问题，以及变压器发生故障后是否存在匝间故障。

变比试验可以采用双电压表法测定，但是由于试验精度低以及现场测试不便，现在大多已采用自动变比电桥进行该试验，其内部原理仍采用电压测量法或电桥法，但由于借助单片机进行控制和数据处理，试验效率已经大大提高，典型的自动变比电桥测试接线图如图 8-15 所示。

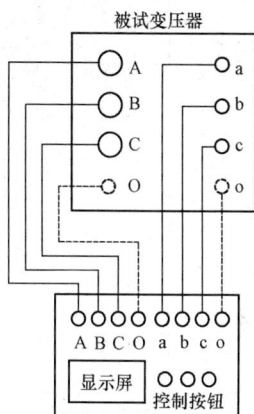

图 8-15　典型的自动变比
电桥测试接线图

8-26　如何用变比电桥测试 ZNyn1 或 ZNyn11 型接地变压器的变比？

这是一种特殊的变压器接线方式，多用于接地变压器。变比电桥中没有这种组别的测试方法，只能采用单相变压器的试验方法，即 AO 加压，ao 测量。

这两种接线的连接图及相量图如图 8-16 所示。

对 ZNyn1 接法，在 AO 上加压 U_{AO} 的两个半绕组分别套在 A 相和 B 相芯柱上，将 CO 短路后，在 A、B 相芯柱中形成磁通，就可以测出 ao 的电压 U_{ao}，其变压比 $K' = \dfrac{U_{OA'} + U_{A'A}}{U_{oa}}$，即相当于两个半绕组的电压相加，由于 $U_{OA'} + U_{A'A} = \dfrac{1}{2} \times \dfrac{U_{OA}}{\cos 30°}$

$+ \dfrac{1}{2} \times \dfrac{U_{OA}}{\cos 30°} = 2 \times \dfrac{U_{OA}}{\sqrt{3}}$。

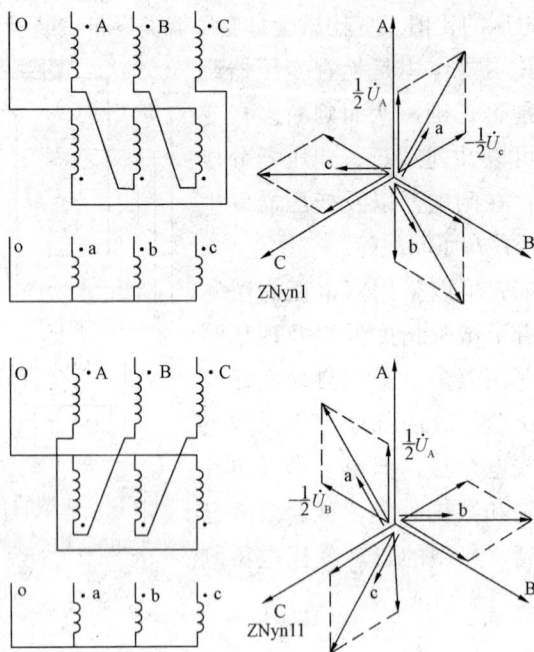

图 8-16 ZNyn1 和 ZNyn11 接线的连接图及相量图

而变压器铭牌变比 $K = \dfrac{U_{AB}}{U_{ab}} = \dfrac{U_{OA}}{U_{oa}}$，

那么实际测出的变比 $K' = \dfrac{U_{OA'} + U_{A'A}}{U_{oa}} = 2 \times \dfrac{U_{OA}}{\sqrt{3}\,U_{oa}} = \dfrac{2}{\sqrt{3}} K$，

即 $K = \dfrac{\sqrt{3}\,K'}{2}$。

所以，用变比电桥采用单相法测试 ZNyn 接线的变压器时，根据实测变比与铭牌变比的关系 $K' = \dfrac{2}{\sqrt{3}} K$，即可测出实际变比误差。

对 ZNyn1 接法，其测量顺序见表 8-1。

表 8-1   ZNyn1 接法的测量顺序

顺序	加压端子	短路端子	测量端子
1	AO	co	ao
2	BO	ao	bo
3	、CO	bo	co

对 ZNyn11 接法，其测量顺序见表 8-2。

表 8-2   ZNyn11 接法的测量顺序

顺序	加压端子	短路端子	测量端子
1	AO	bo	ao
2	BO	co	bo
3	CO	ao	co

由不同的加压和短路部位，也可以判断出不同的接线组别。

8-27 如何使用系统电压进行变压器空载试验？

通常在现场进行的低电压空载试验难以发现大型变压器的潜伏性缺陷，而现场缺乏试验设备和足够的试验容量，进行变压器的全电压空载试验十分困难。在现场可以考虑使用系统电压进行空载试验，系统中所使用的电流互感器变比太大，无法准确测量空载电流，为了准确测量空载电流，可以利用大型变压器中性点直接接地的特点，利用单相系统电源加压，在中性点接地端进行测量，从而进行单相空载试验，但是此时所加的是单相额定系统电压。

试验接线如图 8-17 所示，试验步骤见表 8-3(以 A 相试验为例)。

表 8-3   试验步骤

试验顺序	被试磁路	加压绕组	短路绕组	测试值		
				A	V	W
1	AB	AO	CmOm			
2	BC	BO	AmOm			
3	CA	CO	BmOm			

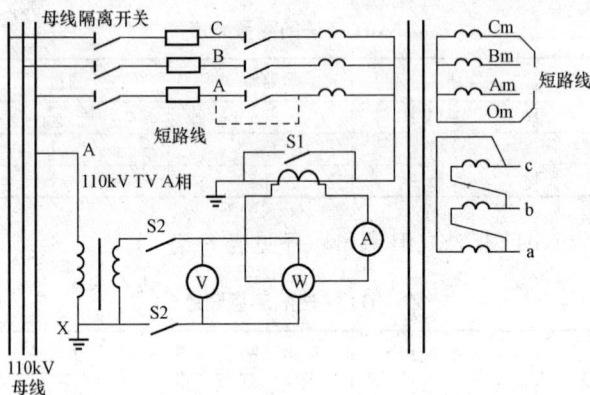

图 8-17　试验接线

计算公式　　　　$$P_0 = \frac{P_{0AB} + P_{0BC} + P_{0CA}}{2}$$

$$I_0 = \frac{I_A + I_B + I_C}{6I_N} \times 100\%$$

计算 I_0 的公式中，之所以多除以 2，是因为电压只加一相 $U_N/\sqrt{3}$，而磁路为 2 相，则电流增大了一倍。

接线和测试要求：①短路的目的是使该相没有磁通通过，因而没有损耗，由于短路效果与短路相绕组的容量和电阻有关，因此最好在最大容量绕组上进行短路。图 8-17 中使用了两处短路线，截面不得小于 $\phi6$，连接与对地距离都必须保证。②S1 为一短路闸刀，冲击合闸时合上，测量时断开，测后再合上。③S2 为 TV 二次线圈取信号开关，为防止短路，接线时拉开，测量时合上。④应事先估计好各表计的挡位，电流表、电流互感器的挡位按额定空载电流乘以 2 选取，瓦特表的电流挡位 I 取 5A，电压挡取 150V。⑤测试应在合闸 2min 后进行，躲过变压器合闸暂态过程。⑥如 110kV 母线上有两组 TV，可将站内仪表、信号的负荷转到另一组 TV 上，以减小误差。⑦变压器高压侧的挡位应合适，所试挡位的电压与系统电压尽量靠近。

8-28 如何进行降低电压下的变压器空载试验？

安装后的验收试验时，由于现场不具备全电压试验的条件，常常做低电压下的空载试验，这就使用户要求厂方也提供低电压下的空载试验结果，且应为单相空载试验的结果，以便现场试验后作为比较的依据，现场交接试验结果也就作为今后试验的比较依据，按上述目的进行的低电压空载试验，其所加电压应在5%～10%的额定电压，更低的电压下，测量准确度过低，也不利于进行比较。对低压为 10kV 的变压器绕组，按 5%U_N 以600V 为宜；如果低压为 35kV 的变压器绕组，以 2200V 为宜；如果在 110kV 侧加压，则至少应为 6300V（可采用两相加压的接线）。至于在哪一侧绕组加压，应根据现场设备容量和电压选取，如果有一台单相试验变压器，电压 2500V，容量 5000VA，即可以满足 10～35kV 侧加压的空载试验。

另一种情况是作为故障检测的空载试验，对 10kV 绕组用市电 400V/250V 就足够了，这是经许多例子证明了的，国外也有用 250V 做单相试验的，但试验前应将各侧短路接地 10min 以上，以消除剩磁影响，该方法主要是通过比较各单相之间的关系，以判断磁路是否异常，以查明故障部位。但厂家出厂时提供200V 下的单相空载试验结果，和现场安装时同样加压 200V 的试验结果相差甚远，无法比较，这是因为电压太低，铁芯的磁通不稳定所造成的。

8-29 变压器进行频谱试验有什么意义？

频谱试验是根据变压器绕组的电感、电容和电阻等分布参数的特征，通过数字化记录设备扫描检测绘制出频谱特性曲线，能反映变压器绕组的结构和位置。

变压器在运输过程遭受冲撞或运行中受出口短路电流冲击，会引起绕组甚至铁芯的变形和位移。变压器绕组发生变形后，使主、纵绝缘距离发生改变，固体绝缘水平降低或者受到损坏，形成运行电压下局部放电，当遇到雷电过电压或系统过电压作用时，有可能发生匝间、层间击穿，导致突发性绝缘事故。

频谱试验是一项新的技术，可以通过与原始频谱曲线的对比发现事故隐患，便于及时采取措施，防止变压器事故的发生。

8-30 简述频率响应法变压器绕组变形测试原理与接线。

变压器设计制造完成后，其绕组和内部结构就确定下来，因此对一台多绕组的变压器绕组而言，如果电压等级相同、绕制方法相同，则每个绕组对应参数（C_i、L_i）就应该是确定的。因此每个绕组的频域特征响应也随之确定，对应的三相绕组之间其频率图谱具有一定可比性。

频率响应法变压器绕组变形测试原理如图 8-18 所示，通过向变压器输入扫频电压 U_i，高频电位在绕组饼间达到各个谐振峰，通过在绕组另一端对频率及谐振峰的信号测量，从而分析出变压器绕组是否发生形变以及变形的情况。

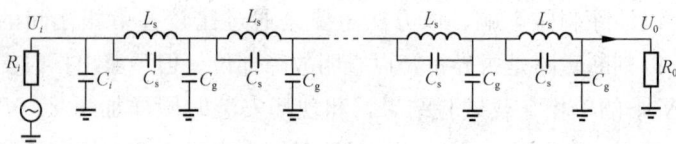

图 8-18　频率响应法变压器绕组变形测试原理

C_s—串联的饼间电容；R_i—信号发生器有源匹配电阻；C_g—对地电容；R_0—输出取样电阻（匹配电阻）；L_s—线圈电感；C_i—套管对地电容；U_i—扫频电压；U_0—匹配电阻上的电压

频率响应法变压器绕组变形测试实际接线如图 8-19 所示，以中性点引出的星形接线为例，单相测量，应注意测试信号线屏蔽且可靠接地，通常是接于变压器铁芯接地处。

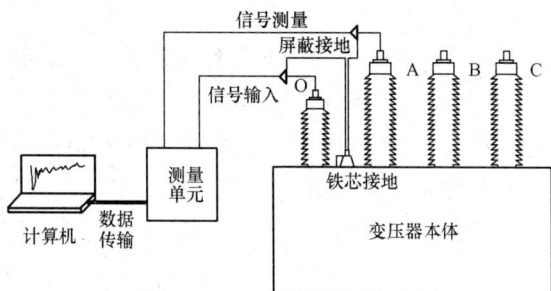

图 8-19 频率响应法变压器绕组变形测试实际接线

对于不同接线组别的变压器，测试接线略有不同：

（1）Y0 接线（如图 8-20 所示）。由中性点 O 注入，出线端 A、B、C 分别测量，分别代表 A、B、C 三相的数据。

（2）△11 接线（如图 8-21 所示）。A 注入，C 测量，代表 A 相；B 注入，A 测量，代表 B 相；C 注入，B 测量，代表 C 相。

（3）Y 接线（如图 8-22 所示）。A 注入，B、C 测量，比较 B、C 两相；B 注入，A、C 测量，比较 A、C 两相；C 注入，B、A 测量，比较 B、A 两相。

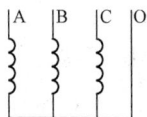 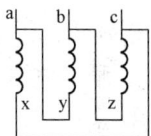 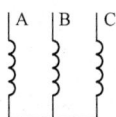

图 8-20　Y0 接线　　　图 8-21　△11 接线　　　图 8-22　Y 接线

8-31　简述频率响应法变压器绕组变形测试结果的分析原则。

典型曲线分析的基本原则：20kHz 以下的频谱发生改变，预示着电感变化或整体变形，中频（30kHz～200kHz）部分的频谱改变表明线圈局部变化情况，高频（200kHz～2MHz）部分则可能是引线及分接开关出现了变化。

8-32　变压器频谱测试的同时为什么还要进行低电压下阻抗测试？

由于频谱试验开展时间并不长，尚需积累实测图形与实际变形的关系，且很多在运变压器尚缺少出厂或安装时的频谱图形，因此在进行频谱试验的同时，测量变压器的短路阻抗也可以起到相互印证的作用，在国家电网公司《十八项电网重大反事故措施》中要求，110（66）kV 及以上电压等级变压器在出厂和投产前应用频响法和低电压短路阻抗法测试绕组变形，以留原始记录。

当短路阻抗与出厂时的短路阻抗误差在±3％时，就认为有变形的可能。但由于在现场进行的低电压下的短路阻抗试验与出厂试验时精度上还有差距，因此要注意采用的仪表精度在 0.5 级及以上，电压测量导线截面大于 $1mm^2$，一次电流的连接导线要短，接触点要接触良好，测量电压的端点必须靠近变压器的电流进口处。

8-33　产生变压器励磁涌流的原因是什么？

当变压器空载投入时，励磁电流立即处于瞬变状态的过渡过程，其瞬时值可能会超过额定负载电流的几倍，比正常励磁电流即空载电流大几十倍，这个暂态过程即励磁涌流。涌流值过大，可能引起继电器误动作，使变压器不能投入线路，而涌流的大小，取决于变压器投入运行时电压的相位以及铁芯剩磁通的状态。

当铁芯没有剩磁时，而合闸瞬间电压为最大值，由于磁通超前电压90°，则合闸时电压与磁通相一致，即合闸瞬间不会产生突变，也就没有过渡过程，就不会产生励磁涌流。而如果合闸瞬间电压为零，磁通为最大值，为使合闸瞬间磁通仍为零，铁芯内需要形成一个反磁通（直流分量磁通）来抵消瞬时磁通（稳态磁通），而且大小相等方向相反，这样合闸瞬间的合成磁通为零，但在后半波合成磁通为稳态磁通的两倍。

这两倍的磁通使铁芯大为饱和，由于铁芯磁化的非线性，励磁电流则成倍增加，从而成为涌流。

而如果铁芯有剩磁 Φ_s，且与第一个半波的磁通方向一致时，则瞬时磁通将将增加到 $2\Phi_m + \Phi_s$，励磁涌流将更大。

由于直流分量磁通是衰减的，励磁涌流也会衰减，在几个周期之内即可减至正常的稳态励磁电流值，因此对变压器危害不大。

事实上，产生这样大涌流的可能性很小：

（1）断路器在电压过零点时投入的可能性很小。

（2）涌流流通时，外部线路的电压本身要下降。

（3）剩磁通也不一定与电压变化方向同相，且根据外部线路的状态，还可能减小。

但三相变压器组的三相总有一相要产生过渡现象，无论什么瞬间投入都要出现涌流。为了防止保护误动，可以采用闭锁相关保护的方法，躲过励磁涌流。

8-34 变压器噪声是如何产生的？如何衡量变压器噪声的水平？

变压器在运行中会有"嗡嗡"的响声，这就是噪声。它主要是由铁芯中铁芯片的磁致伸缩（带气隙铁芯还有电磁力）产生的。此外，绕组间的电磁力、油箱上磁屏蔽的磁致伸缩、油箱传递（包括共振）的振动也引起噪声。

变压器噪声的测量，就是测量其声压级。当然也用声功率级和声强级表示，对于电力系统变压器噪声的测量，一般就是指声压级。

8-35 什么是声压级？

声压 P 是介质中某点的声压强度在某一时刻由于声波存在而产生的变化量，其单位为 μPa（微帕）。声压级 L_P（简称声级）是指待测声压与基准声压 P_0（$20\mu Pa$）的比值，取常用对数后乘以 20，以 dB（A）即 A 计权分贝表示：$L = 20 \lg (P/P_0)$，dB（A）。

声级计是噪声测量的专用仪器，其所测量的计权网络有 A、B、C、D 四种模拟人耳的纯音响应，而 A 计权声压级更接近于人耳对噪声的感觉，在变压器噪声测量中采用 A 计权声压级 L_{PA}，单位为 dB（A）。第 i 点测量的 A 计权声压级为 L_{PAi}。

以多个 i 点的声压级来衡量变压器的噪声时，用加权平均值表示，即

$$\overline{L}_{PA} = 10 \lg \left(\frac{1}{N} \sum_{i=1}^{N} 10^{0.1 L_{PAi}} \right)，dB（A）$$

式中　N——测量点总数。

8-36 什么是声级水平？

声级水平是指在额定电压与额定频率下，变压器处于空载励磁条件时在规定轮廓线上测得的声压级水平（A）加权值。因为属于空载时的声压级水平，所以目前考核的声压级水平主要是由铁芯励磁时产生的磁致伸缩引起的空载声压级水平。

8-37 变压器的声级水平与什么因素有关？

变压器噪声来源于变压器铁芯与磁屏蔽的磁滞伸缩以及内部部件在电磁力下的振动，因此与磁通密度、负载电流水平以及变压器各部件防振设计等因素有关。当过励磁运行时，磁通密度升高，空载及运行电压下声压级水平会增高；超铭牌容量运行时，负载电流引起电动力增大，声压级水平会增高；内部或外部部件

松动及防振措施不善，也会引起变压器声级水平变大。

8-38 如何降低变压器的声级水平？

在变压器周围设隔音墙可降低声压级水平。为降低声压级水平，也可从结构与工艺上采取措施加以解决。如铁芯采用阶梯式接缝，叠完铁芯后在剪切边缘上用树脂漆黏合，防止铁芯的噪声传到箱底，绕组采用恒压干燥处理工艺，合理布置磁屏蔽位置并防止磁屏蔽噪声传到箱壁等。

8-39 如何现场测定变压器噪声水平？

现在进行的声级测试是指空载下变压器的声压级水平。声级水平测量是利用 A 计权声压计距基准发射面一定距离（自冷式或风扇停止运行的风冷式是在相隔 $X=0.3m$ 处、风冷式相隔 $X=2m$ 处）进行多点的声压级测量。当油箱高度小于 2.5m 时，在油箱 1/2 高度上放置测量点；当油箱高度大于 2.5m 时，则在油箱 2/3 和 1/3 高度上各设测量点。测量点间距 $D \leqslant 1m$，现场噪声测试取样点示意图如图 8-23 所示。

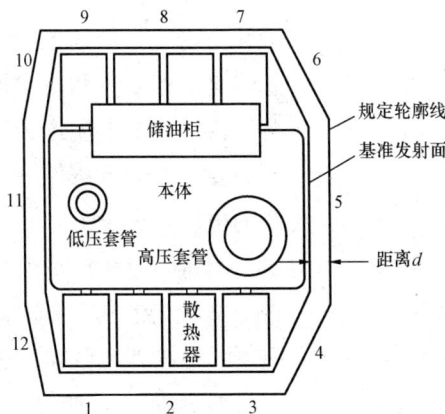

图 8-23 现场噪声测试取样点示意图

测试所测得的噪声水平不能直接使用，应考虑到背景噪声数据，背景噪声测试时变压器应停运，以 $X=2m$，测量点不少于4点的情况下进行测量，测得数据与空载测量数据进行比较。

根据测量值求得声压级平均值，然后减去背景噪声校正值的绝对值，即为变压器现场噪声数据。校正绝对值见表8-4。

表 8-4　　　　　校 正 绝 对 值

合成噪声与背景噪声之差（dB）	3	4~5	6~8	9~10
背景噪声校正值的绝对值（dB）	3	2	1	0.5

8-40　变压器铁芯的接地电流测试如何进行，应注意什么问题？

运行中检测的铁芯的接地电流是绕组与铁芯之间寄生电容的电容电流，测量时可在外引接地引下线上，用相应开口的钳型表直接测量电流，也可在接地引下线上安装接地开关，同时并联电流表，测试时拉开接地开关即可测出电流。

正常时铁芯的接地电流很小，一般几十毫安，国家电网公司《设备状态检修规章制度和技术标准汇编》将测试铁芯接地电流作为诊断性试验项目，要求在运行条件下测量流经接地线的电流，大于 100mA 时应予注意。

测量时应注意整个接地引下线是否平整，绝缘是否有损伤。由于接地引下线绝缘外皮破损，引下线裸铜与器身直接接触，如图8-24所示，造成接地引下线与器身之间形成闭合导

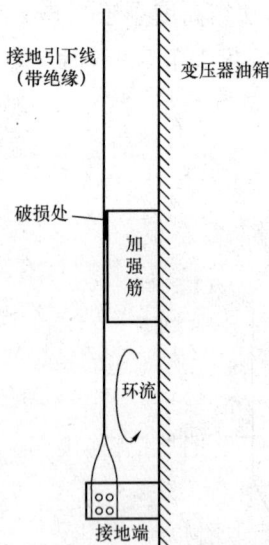

图 8-24　引下线裸铜与
器身直接接触

体圈，在变压器漏磁的作用下形成环流，经测电流达到安培级！

在使用钳型表测量时要注意空间电磁场的影响，部分变压器铁芯接地使用 40mm 以上的铜排，因此钳型表钳口很大，而空间电磁场会对其造成干扰，在测量时可以发现对应不同测试角度所显示的电流并不一致，很多角度下电流可能超过 100mA，而如果将铜排更换为相应截面积的绝缘软铜线，并使用小钳口钳型电流表，测量结果则十分稳定。

8-41 铁芯多点接地时，接地电流会如何变化？

变压器在运行中，铁芯及其金属部件因所处电场以及静电感应，使得铁芯及其金属部件对地产生电位差，为避免因电位差引起绝缘损坏，因此要求铁芯可靠接地，但变压器铁芯只允许一点接地，铁芯中如有两点或两点以上接地，则接地点之间可能形成闭合回路，当变压器交变磁通穿过此闭合回路时，就会在回路中感应出电动势并引起电流，电流的大小决定于感应电动势的大小及闭合回路的阻抗值，当电流较大时，会引起局部过热故障甚至烧坏铁芯。

8-42 为什么变压器铁芯和夹件要求分开接地？

当铁芯有多点接地时，其电流可能增大至数安到数百安培，对于铁芯和上夹件分别引出接地的变压器，可以通过分别测出夹件对地电流 I_1 和铁芯对地电流 I_2，来分析判断故障位于铁芯还是夹件。

当 $I_1 = I_2$，且数值在数安以上时，夹件与铁芯有连接点。

当 $I_1 \leqslant I_2$，I_2 数值在数安以上时，铁芯有多点接地。

当 $I_1 \geqslant I_2$，I_1 数值在数安以上时，夹件碰箱壳。

可见，分别引出的目的是为了便于分析是铁芯还是夹件故障。

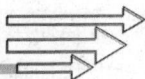

第九章

断 路 器 试 验

9-1　什么是断路器的分闸时间？

断路器的分闸时间是指处于合闸位置的断路器，从分闸回路带电（即接到分闸指令）瞬间到所有相的弧触头均分离瞬间为止的时间间隔。

9-2　什么是断路器的合闸时间？

断路器的合闸时间是指处于分闸位置的断路器，从合闸回路带电（即接到合闸指令）瞬间到所有相的弧触头都接触瞬间为止的时间间隔。

9-3　什么是断路器的合分时间？

断路器的合分时间又称金属短接时间，是指从合闸操作中首合相的各触头都接触瞬间到随后的分闸操作中所有相的弧触头都分离瞬间为止的时间间隔。

9-4　什么是断路器的分、合闸不同期性？

断路器的分、合闸不同期性是指在断路器分闸或合闸时，各相间或同一相间各断口间的触头接触或分离瞬间的最大时间差异，因此对于多断口断路器来说，可细分为相间不同期和同相不同断口间不同期。

9-5　简述金属触头断路器分、合闸时间测试原理与接线。

断路器分、合闸时间测试是断路器处于空载的情况下，在额定操作状态下对断路器分、合闸时间进行测试，从而判断其关合与开断性能。现场测试大多采用断路器综合测试仪，内部测试原理多为示波器原理，测试后能够通过测试波形来真实反映断路器可能存在的缺陷的隐患。测试原理接线如图 9-11 所示（以 A 相为例）。

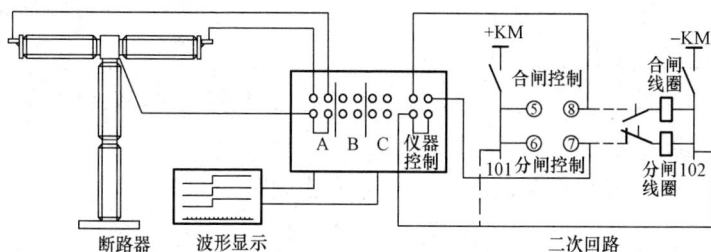

图 9-1　断路器分、合闸时间测试原理接线

根据仪器生产厂家测试原理的不同，控制回路可分为以下三种：

（1）仪器自带直流电源的测试接线如图 9-1 实线所示，控制回路公共端接于"－KM"，仪器分、合闸控制线接于分、合闸线圈正电端，测试要将站内直流电源断开，分、合闸信号由试验仪器发出。

（2）仪器不提供直流电源，分、合闸信号由试验仪器发出时，将控制回路公共端接于"＋KM"，即二次回路正极（虚线），分、合闸控制线不变，仍接于正电端，此时仪器通过发出分、合闸信号将分、合闸控制回路短路来控制断路器分、合。

（3）仪器不提供直流电源，也不直接控制断路器。试验接线与方法（1）相同，断路器分、合由试验人员在断路器汇控箱就地控制，此时通过监测分、合闸线圈两端的电压变化来判断分、合闸指令的发出。

9-6 什么是断路器的分、合闸速度？

合闸速度是指断路器触头接触前 Amm 或 Bms 内触头的平均速度。也就是断路器合闸过程中触头接触前某段距离或某段时间内触头的平均速度。

如果 A 或 B 为涵盖差不多整个合闸过程的范围，此时测量的速度为全程平均合闸速度。

如果 A 或 B 为触头接触前的一小段距离或时间，此时测量的速度为刚合速度。

A 或 B 根据断路器和灭弧室来定义，不同厂家定义的范围可能不一样。如某些厂家将合闸前 3.3mm 内触头的平均速度定义为刚合速度，有些厂家将合闸前 5ms 内触头的平均速度定义为刚合速度。

分闸速度是指断路器触头分离后 Amm 或 Bms 内触头的平均速度，也就是断路器分闸过程中触头分离后某段距离或某段时间内触头的平均速度。

如果 A 或 B 为涵盖差不多整个分闸过程的范围，此时测量的速度为全程平均分闸速度。

如果 A 或 B 为触头分离后的一小段距离或时间，此时测量的速度为刚分速度。

9-7 与交接试验标准相比，状态检修试验标准中为什么不要求进行分、合闸速度试验？

根据 GB 50150—2006《电气装置安装工程　电气设备交接试验标准》规定，除 15kV 及以下非重要断路器以外的所有油断路器，均应在产品额定电压、液压下进行断路器分、合闸速度测试，实测数值应符合产品技术条件的规定，产品无要求时，可不进行。

但在国家电网公司《设备状态检修规章制度和技术标准汇编》中断路器的例行试验和诊断性试验中，均未提及速度测试，其原因有三：

（1）GB 1984—2003《高压交流断路器》和 GB/T 11022—2011《高压开关设备和控制设备标准的共用技术要求》中，都未提及断路器分、合闸速度的要求，这是由于断路器分、合闸速度的测量方法及测量结果都由制造厂家自行规定，缺少一个统一的要求。

（2）设备交接时，多由安装单位或者厂家现场服务人员按照制造厂家的要求进行速度测试，测试精度高，数据可靠；而在设备投运后的维护中，由于产品种类繁多，许多产品测量行程需要专用工具或专用测试传感器，加上断路器的实际参数是制造厂家的商业机密，因此现场测试数据未必能得到生产厂家的认可。

（3）如果设备在运行中出现机械性变化而导致刚合、刚分速度的变化，也势必影响分、合闸时间的测试数据，而分、合闸时间有十分严格的要求，因此监测分、合闸时间更容易进行设备的状态评价。

因此，在状态检修试验标准中已经不再要求进行分、合闸速度的测试。

9-8 断路器合闸电阻有什么作用？

合闸过电压的大小与电源容量、系统接线方式、线路长度、合闸相位、开关性能、故障类别及限压措施等因素都有关，而断路器装设合闸电阻是目前限制合闸过电压的主要措施。

合闸电阻与主断口结构如图 9-2 所示，S1 为断路器的主触头，S2 为合闸电阻辅助触头，R 为合闸电阻。

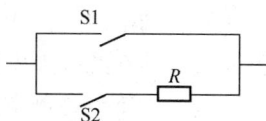

图 9-2　合闸电阻与主断口结构

断路器合闸分为两个阶段，第一个阶段 S2 合上，合闸电阻对振荡回路有阻尼作用，使过渡过程的过电压降低，经过 8～15ms（各生产厂家设计值不同），主触头 S1 闭合，将合闸电阻 R 短接，电源直接与线路相连，完成合闸操作，这是第二阶段。合闸完成后，部分厂家会将 S2 断开，即将合闸电阻退出运行，另一些厂家则让合闸电阻 R 一直运行。

9-9 断路器合闸电阻的阻值如何选取？

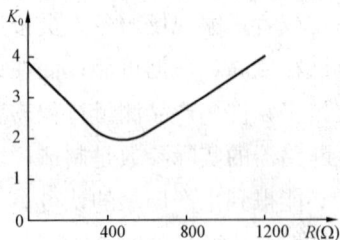

图 9-3 合闸电阻的阻值与限制过电压水平的关系曲线

合闸电阻的阻值 R 与限制过电压的水平 K_0 存在一个 V 形曲线，如图 9-3 所示，即根据系统参数存在一个限制过电压水平最小的阻值区域，约在 $300～500\Omega$ 之间，而电阻越大或越小，限制过电压的能力都比较有限。同时还要考虑合闸电阻的热量问题，对于 500kV 断路器，国外大多采用 $400～500\Omega$，而国内厂家由于热容量的原因，大多取 1000Ω 左右。

9-10 断路器合闸电阻的测试要求有哪些？

由于合闸电阻并联于断路器断口间，其测试从属于断路器机构特性试验，测试主要项目有两个，合闸电阻预接入时间和合闸电阻阻值。

（1）合闸电阻预接入时间（ms）。在合闸第一阶段，合闸电阻预先接入消耗线路上的剩余电荷，从而阻尼振荡回路，因而预接入时间不可过长或过短，若时间过短，起不到阻尼的作用，无法有效抑制过电压，而预接入时间过长，则可能因合闸电阻热容量有限，无法承受而发生爆炸，因此各厂各型号断路器预接入时间各有不同，大多在 8～15ms。

(2) 合闸电阻阻值（Ω）。合闸电阻阻值是个固定值，在合闸中经常需要承受很大的热冲击，在试验中应进行测定，以判断其是否受潮、过热或击穿损坏。

在国家电网公司《设备状态检修规章制度和技术标准汇编》中规定要对合闸电阻阻值进行测定，在同等测量条件下，合闸电阻的初值差不超过±5％，合闸电阻预接入时间符合设备技术文件的要求。

9-11 什么是定开距式灭弧室的断路器，有什么特点？

定开距式灭弧室的断路器主要由上、下静触头和可以上下滑动的动触头组成，通过动触头的上下滑动，上、下静触头处于导通（合闸）或断开（分闸）的状态，上、下静触头之间的距离始终保持不变，故称为定开距式灭弧室。其主要型号有西门子 3AT、3AQ 型。

滑动触头由许多条刷形状的载流触头和一个石墨引弧环构成；上、下静触头由铜管制成，内部为空心石墨结构，外表面镀银，端部为喇叭形石墨喷口。该石墨喷口由石墨和铜的复合材料制成，既是灭弧喷口，又是弧触头。故而高压断路器分闸、合闸的过程分为两个阶段，当合闸时，先与石墨弧触头接触，再与镀银载流的主触头接触；而分闸时，先与主触头分离，再与石墨弧触头分离。因此，3AQ、3AT 系列石墨触头高压断路器的分、合闸过程包括银/石墨接触和银/银接触两个接触点，而普通高压断路器只有一个银/银接触点。

9-12 如何进行西门子 3AT、3AQ 机械特性试验？

在现场由于普通断路器特性测试仪只能分辨银/银接触点，因而在对西门子 3AQ、3AT 系列石墨触头高压断路器进行测试时，由于普通断路器特性测试仪对断口分、合闸的定义不适用于石墨喷口，因而导致测试结果不正确，表 9-1 是典型的错误测试数据（3AT，带 RC 快速回路）。

表 9-1　　　　　　　　　典型的错误测试数据

状态	相别	A	B	C	标准
合闸	断口 1（ms）	69.2	74.5	65.1	80±10
	断口 2（ms）	68.7	69.1	73.2	
分闸	断口 1（ms）	24.2	23.4	20.5	17±5
	断口 2（ms）	21.5	26.5	25.2	

由表 9-1 中可以看出，断路器分、合闸时间和同期性均偏离于合格范围，而实际上该断路器并无问题。

使用石墨触头专用测试仪进行测试，断路器特性测试仪采用 10A 的稳恒直流源作为测试电源。由于较难定义银/石墨接触状态，在相应的软件中定义 1mΩ 为银/银接触，即电压降为 10mV 时为合闸或分闸终止位置；再根据所测断路器灭弧室石墨喷嘴的长度和分、合闸平均速度，3AT 型为 24.9mm，平均合闸速度为 3m/s，平均分闸速度为 8m/s，3AQ 型为 22mm，平均合闸速度为 3m/s，平均分闸速度为 8m/s，从而反推银/石墨接触时间，整个合闸过程便确定下来，软件自动完成分、合闸时间及同期性计算，减少了人为度量的误差。以 3AT 合闸为例，即在测定恒定 10mV 电压，定义第一点为合后点，以第一点为准，前推 24.9mm/（3m/s）＝8.3ms 为第二点，即是刚合点，同样方法定义刚分点。

普通断路器特性测试仪测试不合格的 3AQ 型断路器，使用典型测试方法，其机械特性测试曲线如图 9-4 所示，测试结果符合要求，见表 9-2。

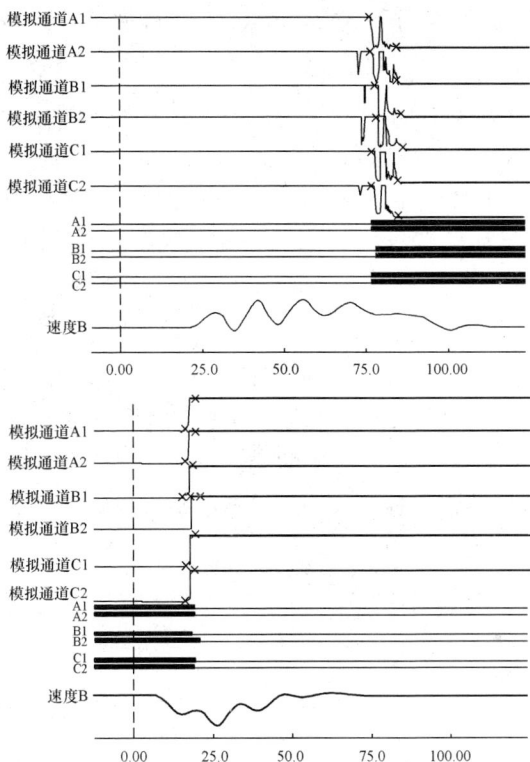

图 9-4　3AQ 型断路器机械特性测试曲线

表 9-2　　　　　3AQ 型断路器机械特性测试结果

状态	相别	A	B	C	标准
合闸	断口 1（ms）	76.3	78.1	76.7	80±10
	断口 2（ms）	76.4	78.2	76.7	
	同相同期（ms）	0.1	0.1	0	3
	三相同期（ms）		1.9		5
分闸	断口 1（ms）	19.4	18.6	19.6	17±5
	断口 2（ms）	19.3	21.0	19.1	
	同相同期（ms）	0.1	2.4	0.5	2
	三相同期（ms）		2.4		3

9-13 进行西门子 3AT、3AQ 机械特性试验时应注意哪些问题？

由于西门子 3AT、3AQ 断路器触头的特殊性，在现场实际工作中还有一些具体问题：

（1）灵敏度设定。根据石墨触头断路器测试仪的内部原始定义，电压降为 10mV 时，即定义 1mΩ 为银/银接触时的合闸或分闸终止位置，但是在现场 500kV 区的断路器设备实际测试中，10mV 的灵敏度设置过高，虽然采取了很多屏蔽措施，但很多时候干扰电平仍难完全避免，造成在测试中出现数据异常。

经过多次实践总结，将该灵敏度的触发电平设置为 30mV，基本上满足了 500kV 区设备的测试要求，220kV 区设备选取为 20mV。将触发电平设置为 30mV 后的数据见表 9-3。

表 9-3 将触发电平设置为 30mV 后的数据

状态	相别	A	B	C	标准
分闸	断口 1（ms）	19.9	20.2	20.9	17±5
	断口 2（ms）	20.5	21.1	20.8	
	同相同期（ms）	0.6	0.9	0.1	2
	三相同期（ms）		1.2		3

（2）两端接地干扰。在进行 220kV 的 3AQ 断路器测试中发现，由于接地两侧接地直接相连，特别是方孔形地网不存在绝对的干线地网，接地扁钢电阻特别小，还是会对测试造成影响。受到影响的测试波形如图 9-5 所示，有一相明显超前于其他两相，经过更换测试线、更换测试端口等多种排除措施，都无法解决问题，后来将两侧接地打开一侧后，发现测试结果正常。断路器单端接地也可以减小外电场的干扰。

（3）现场测试抗干扰。由于现场仪器所监测的电压仅为直

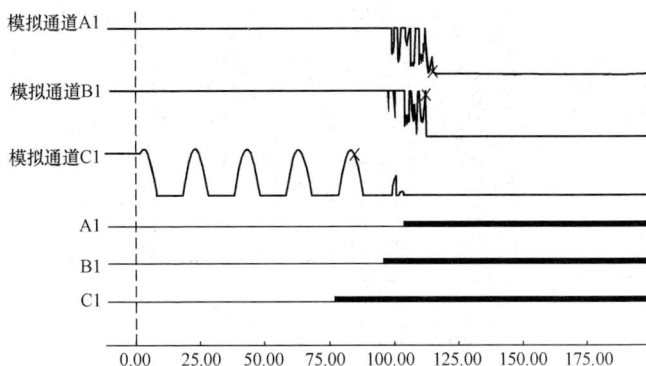

图 9-5　受到影响的测试波形

流 200mV，测试极易受到现场电场环境的干扰，特别是 500kV 设备区，测试接线必须使用屏蔽线，接线时先将仪器良好接地，测试线接入仪器时应先将屏蔽端接于仪器本体（接地），然后再接测试线，拆除时与之相反。现场曾经遇到，拔下仪器上接线而未拆除设备上引线，感应电造成测试线击穿冒烟的情况。

9-14　简述断路器回路电阻测试原理与接线。

断路器的导电回路电阻是在断路器合闸状态下进行测试的，其大小主要取决于断路器动静触头间的接触电阻，是保证断路器安全运行的一个重要条件。回路电阻测试采用直流电压降法进行测量，在被测回路中，通以直流电流时，在被测试回路上将产生电压降，测出通过回路的电流及电压降即可计算出电阻值，为保证试验精度，新型试验仪器在回路中串入标准电阻，通过对标准电阻电压降与被测试回路电压降进行对比，从而得出更准确的数据。测试原理接线如图 9-6 所示，测试时应注意电压测量线接回路内侧，电流测量线接外侧。

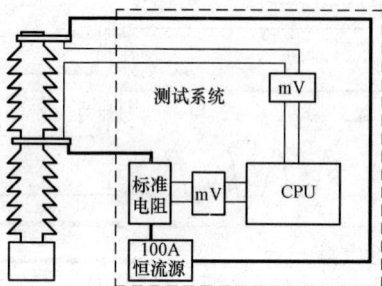

图 9-6　回路电阻测试原理接线

9-15　因回路电阻过大而检修的断路器应重点检查哪些部位？

对于因回路电阻过大而检修的断路器，应重点进行以下检查：

（1）静触头与支座、中间触头与支座之间的连接螺栓是否上紧，弹簧是否压平，检查有无松动或变色。

（2）动触头、静触头和中间触头的触指有无缺损或烧毛，表面镀层是否完好。

（3）各触指的弹力是否均匀合适，触指后面的弹簧有无脱落或退火、变色。

经检查处理后，应重新进行回路电阻测试。

第十章

互 感 器 试 验

10-1 简述电磁式电压互感器介质损耗因数 tanδ 试验接线。

测量 20kV 及以上电磁式电压互感器一次绕组连同套管的介质损耗因数 tanδ，能够灵敏发现绝缘受潮、劣化及绝缘损坏等缺陷。电磁式电压互感器分为全绝缘和分级绝缘两种，测试接线较多，下面仅介绍较常规的接线方式。

常规正反接线如图 10-1 所示，对于全绝缘电磁式电压互感器，测试方法与变压器介质损耗因数 tanδ 相同，可加试验电压 10kV，但对于分级绝缘，由于一次绕组接地端 X 耐压较低，多为 3kV，因此测试加压不宜过高，应参照出厂试验进行。正接线测试将低压测试线接于二次绕组，但在现场测试中由于二次绕组已接线，且一端已接地，进行正接线测试需要打开二次接线，测试后需要进行回路验证，在现场较少采用。

10-2 如何进行 500kV 电容式电压互感器不拆线介质损耗因数测试？

500kV 电容式电压互感器如图 10-2 所示，主电容为 C_{11}、C_{12}、C_{13}，分压电容 C_2 与中间变压器 T、电抗器 L、阻尼电阻 Z 合装在下节油箱内。δ 为电容器接地端，X_L 为中间变压器接地端，运行中两者同时接地，部分厂家还在 δ 上并联空气间隙，在 X_L 上并联避雷器元件。为说明方便，A 点为 C_{11} 与 C_{12} 连接法兰，

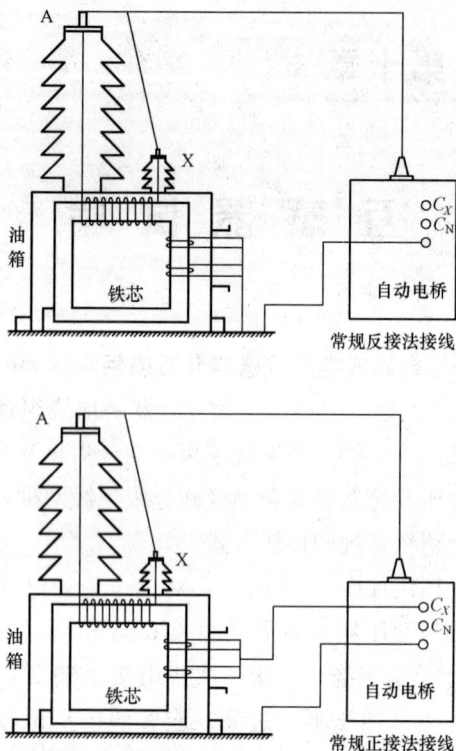

图 10-1　常规正反接线

B 点为 C_{12} 与 C_{13} 连接法兰。测试仪器使用济南泛华 AI-6000E 型电桥。

（1）测量 C_{11}。AI-6000E 型电桥对 CVT 上节在不拆线情况下直接测试，其接线为高压线接 A 点，δ 与 X_L 连接后接低压测试线 C_X 并悬空，反接 M 法，内 C_N 测试，如图 10-3 所示。其原理为 C_{12}、C_{13}、C_2 串联后进行正接线测试，而在仪器内部在高压线提供的电流中将正接线电流减去，仅剩下上节反接线测试电流，从而得出 C_{11} 电容量与介质损耗因数。

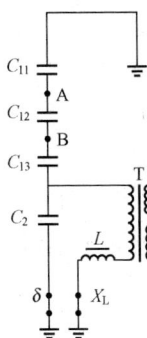

图 10-2　500kV 电容式电压互感器　　图 10-3　C_{11} 测量

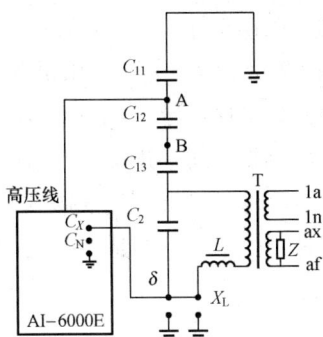

（2）测量 C_{12}。C_{12} 的测量采用常规正接线方式，高压线接 A，低压测试线 C_X 接 B，内 C_N 直接测量 C_{12} 的电容量与介质损耗因数值，如图 10-4 所示。

（3）测量 C_{13} 与 C_2 串联值。C_{13} 与 C_2 串联后，采用常规正接线方式，高压线接 B，低压测试线 C_X 接 δ，X_L 悬空，如图 10-5 所示，此时要注意 δ 与 X_L 的标识，若错误地将 X_L 接于低压测试线 C_X，将会测量出 C_{13} 与中间变压器 T 和电抗器 L 的串联数据。

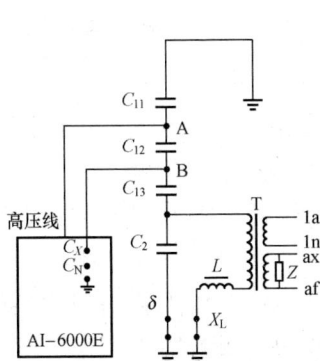

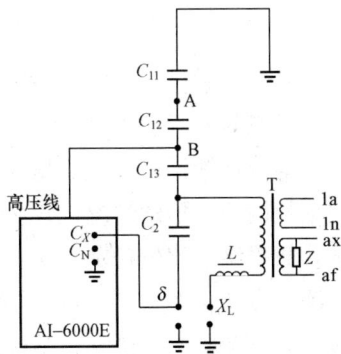

图 10-4　C_{12} 测量　　　　图 10-5　C_{13} 与 C_2 串联测量

以上所述的常规试验方法，基本上能够满足大部分的试验情况，但在特殊情况下，需要一些其他的方法。

（1）测量 C_{11}。采用正接线测量 500kV CVT 的 C_{11} 时，个别设备会出现恒定性的介质损耗因数负值而电容量不受影响的现象，由于空间干扰源无法消除，低电压屏蔽法效果不明显，必须采用反接线测量，其数据具有连续性与可比性。而采用不拆线测试时，由于本身即是反接线测量，一直未出现测试数据不合理的情况。

（2）测量 C_{12}。对于 C_{12} 测试，如果确认受到空间干扰出现介质损耗因数负值情况，可以将 C_{12} 上法兰接地，即将 C_{11} 短路，采用常规测试方法中反接 M 法测量 C_{11} 的测试方法进行试验。测试数据见表 10-1。

表 10-1　　　　　　　　　　　**测量 C_{12} 的测试数据**

试验 部位	介质损耗 因数	测试 电容量 （nF）	铭牌 电容量 （nF）	偏差 Δ	试验方法
中节	−0.07%	14.92	15.079	−1.1%	不拆线，正接法
	0.076%	15.18	15.079	0.7%	拆线，反接法
	0.085%	15.16	15.079	0.6%	不拆线，反接 M 法， 上节短路

（3）测量 C_{13} 与 C_2 串联值。对于 C_{13} 与 C_2 测试，由于中间变压器与电抗器测试中悬空，易受到空间干扰的影响，测试中出现介质损耗因数负值的情况比较多，可以采用反接线加高压屏蔽法测试，数据结果比较稳定。

测试方法如图 10-6 所示，将高压线芯线接 B，高压线屏蔽线接 A，δ 接地，X_L 悬空，反接法，内 C_N 测试。

测试原理：AI-6000E 电桥高压线芯线与屏蔽线均为 10kV，其差异仅在于芯线通过电桥内检测阻抗，该阻抗在测量中可以忽略不计，测试中 C_{13} 与 C_2 串联的测试电流由高压线芯线提供，而

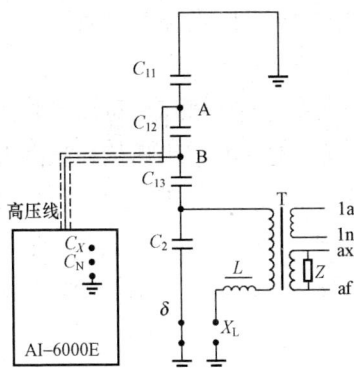

图 10-6   反接法加高压屏蔽法测量

C_{12}两端电压相等，无电流，C_{11}电流由高压线屏蔽线提供，其反接法测试数据与拆线后反接线数据完全相同。测试数据见表 10-2。

表 10-2   测量C_{13}与C_2串联值的测试数据

试验部位	介质损耗因数	测试电容量(nF)	铭牌电容量(nF)	偏差Δ	试验方法
	−0.075％	15.05	15.1326	−0.5％	不拆线，正接法
下节	0.101％	15.23	15.1326	0.6％	拆线，反接法
	0.108％	15.27	15.1326	0.9％	不拆线，反接法加高压屏蔽

电容式电压互感器不拆线测试中，除C_{11}外均有正接法和反接法两种测试方法，由于反接法测量时受到空间电容与表面杂散电流等影响，测试数据偏大于实际情况，因而在测试中要以正接法为首选测试方法，如特殊原因采用反接法测量时，应在试验报告中注明测试方法，在以后的测试中参照进行，保证数据的连续性与可比性。

10-3　电磁式电压互感器空载加压 1.5U_e 或 1.9U_e 是否安全？

电磁式电压互感器进行空载试验可以考验其在运行中承受短时过电压的能力，特别是工频过电压能力。由于工频过电压时间长，一般 110～220kV 系统中，变电站侧的工频过电压不超过 1.3（标幺值），由于 1.0（标幺值）＝$U_m/\sqrt{3}$，而系统最高电压 U_m 一般为额定电压 U_N 的 1.15 倍，所以 1.3（标幺值）＝ 1.15U_N×1.3/$\sqrt{3}$＝1.495$U_N/\sqrt{3}$。

所以取 1.5$U_N/\sqrt{3}$，即绕组额定电压的 1.5 倍，同理 10～35kV 非有效接地系统，工频过电压为 $\sqrt{3}$（标幺值），则试验电压 $U=1.73×1.15\dfrac{U_N}{\sqrt{3}}=1.98\dfrac{U_N}{\sqrt{3}}$，取 1.9 倍是安全的。

在这种暂时过电压下，由于电磁式电压互感器的励磁特性是饱和的，电流就会激增，这就要求电磁式电压互感器铁芯磁密不能选得过高，否则因电流急增且时间长就会烧毁线圈，能否承受住这种暂时过电压下的电流剧增，就取决于电磁式电压互感器线圈的过电流能力。

一般电磁式电压互感器铭牌上有最大容量，该容量值即电磁式电压互感器的过电流承受能力的数据，以最大容量除以绕组的额定电压，即为最大允许电流，试验时加压 1.5 倍或 1.9 倍的绕组额定电压，所测得的电流也不应超过铭牌上的最大允许电流。

10-4　简述电容式电流互感器介质损耗因数试验原理与接线。

电容式电流互感器在绝缘中放置一定的筒形电容屏，最外层电容屏引出接地，各电容屏间形成串联电容器组，采用电容屏可以提高主绝缘强度并均匀绝缘中的电场强度，现场测试时一般采用正接线测量，加压 10kV，测试接线如图 10-7 所示。

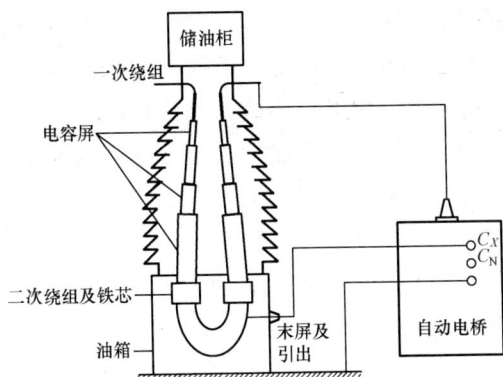

图 10-7　电容式电流互感器介质损耗因数测试接线

为检查互感器底部和电容芯子表面的绝缘状况，当末屏对地绝缘小于 1000MΩ 时，应测量末屏对地的介质损耗因数 $\tan\delta$。

现场测试时使用反接线更方便，但是由于现场测试时一次引线一般不拆除，测试时将一次引线对地杂散电容以及互感器末屏对地杂散电容引入，误差较大，一般现场仍选择正接线测试。

10-5　为什么油纸电容型电流互感器的介质损耗因数值一般不进行温度换算？

油纸绝缘的介质损耗因数 $\tan\delta$ 与温度的关系取决于油与纸的综合性能。良好的绝缘油是非极性介质，油的 $\tan\delta$ 主要是电导损耗，它随温度升高而增大。而纸是极性介质，其 $\tan\delta$ 由偶极子的松弛损耗所决定，一般情况下，纸的 $\tan\delta$ 在 $-40\sim60℃$ 的温度范围内随温度升高而减小。因此，不含导电杂质和水分的良好油纸绝缘，在此温度范围内其 $\tan\delta$ 没有明显变化的趋势，所以可不进行温度换算。若要换算，也不宜采用充油设备的温度换算方式，因为其温度换算系数不符合油纸绝缘的 $\tan\delta$ 随温度变化的真实情况。

当绝缘中残存有较多水分与杂质时，tanδ与温度的关系就不同于上述情况，tanδ随温度升高明显增加。因此，当常温下测得的tanδ较大时，为进一步确认绝缘状况，应考查高温下的tanδ变化，若高温下tanδ明显增加时，则应认为绝缘可能存在缺陷。

10-6 倒立式电流互感器如何进行介质损耗因数测试？

电流互感器根据一次绕组的结构不同分为正立式和倒立式两种。正立式电流互感器通常将一次绕组制成"U"形，主绝缘包于一次绕组上，二次绕组与铁芯包在一次绕组上，为保证电气绝缘强度，常常在绝缘上放置一定的同心圆形电容屏，因而也叫电容式电流互感器。而倒立式电流互感器的一次绕组结构与正立式不同，如图10-8所示，将铜管或铜杆的一次绕组贯穿于二次线圈（含二次绕组和铁芯）组成器身，都置于互感器上部油箱中，二次绕组外部有厚度为6～8mm的铝屏蔽罩，用以控制电场分布，二次引线穿过铝管引至下部小底座的出线盒，这种结构有着比正立式更强的短路电流承受能力以及测试精确度，因而近年来得到了极为广泛的应用，其中SF_6气体绝缘的电流互感器全部为倒立式结构。

从结构上看得出，由于倒立式电流互感器已经没有了正立式

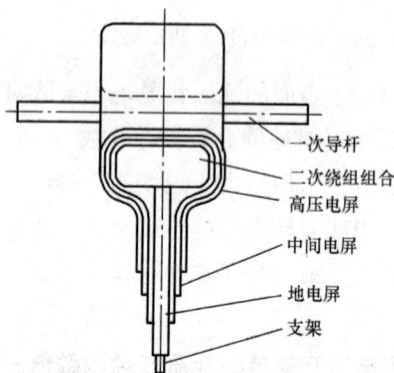

一次导杆
二次绕组组合
高压电屏
中间电屏
地电屏
支架

图10-8 倒立式电流互感器结构

电流互感器的电容屏，但是油浸式倒立电流互感器二次接线盒中，仍保留一个接地端子，这个端子是二次引线金属杆的接地端，为改善倒立式电流互感器端部的电场分布，在内外屏之间加入了一些电容端屏，在介质损耗试验中如果采用正接线所测到的是一次绕组与地电屏之间的电容与介质损耗，如果采用反接线测得的试验数据则包含了一次绕组对地杂散电容。

由于不同厂家设计理念的不同，大部分厂家将铝屏蔽罩以及二次引线金属杆在设备内部接地，而不再引出，也有些厂家将其引出至二次接线盒。在现场测试中，对于未引出的倒立式电流互感器只能采用反接法测试，测试时注意一次绕组引起的杂散误差，而对于引出接地端的厂家，应比较正反接线的差异，特别是作为初值的试验结果，应比较接线方法对试验结果的影响。

10-7 测量电流互感器一次绕组的直流电阻有什么意义？

测量电流互感器一次绕组的直流电阻，主要是检查各连接处的接触情况，包括引线连接和串并联接头的紧固情况。如果接触不良，在运行中会产生发热或火花放电，甚至烧坏连线。如果是油浸式电流互感器，还可能引起色谱异常。

测试方法：试验规程中并未规定如何进行测试，但根据经验，应该要求至少使用100A直流电流进行测试，对于连接松动的情况，电流越大越灵敏。测试线应牢固连接，应选用合适的电流夹子。

判断标准：由于一次绕组的直流电阻阻值很小，在安装交接试验中应在同型号、同规格、同批次间进行比较，各相一次直流电阻值和平均值的差异不宜大于10%，当有怀疑时，应提高施加的测量电流，测量电流（直流值）一般不宜超过额定电流（方根均值）的50%，运行后在大修和其他情况下（如色谱异常等）也需要进行直流电阻的测试出厂值或初始值比较，应无显著差别。

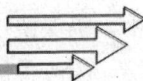

第十一章

避 雷 器 试 验

11-1 简述金属氧化物避雷器直流试验原理与接线。

现场所使用的金属氧化物避雷器的主要元件是氧化锌阀片，这种阀片具有优良的非线性与大的通流容量，正常运行电压下呈现绝缘状态，通过的电流仅 10～15μA，当阀片上承受的电压升高，电流也随之增加，当电流达 1mA 时，一般认为它开始动作，此时的电压称为起始动作电压，在中电位区电流迅速升高而电压几乎不变，从而起到限制过电压的作用，金属氧化物避雷器典型伏安特性曲线如图 11-1 所示。

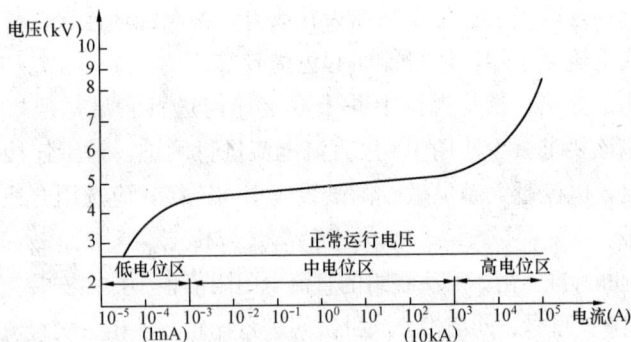

图 11-1　金属氧化物避雷器典型伏安特性曲线

在现场进行直流试验时，采用直流发生器升压进行测量，微安表位于高压测试端，测试接线与直流泄漏试验接线相同，应注意电压调节时电流接近 1mA 时，电流增长的非线性。金属氧化物避雷器直流试验测试原理接线如图 11-2 所示。

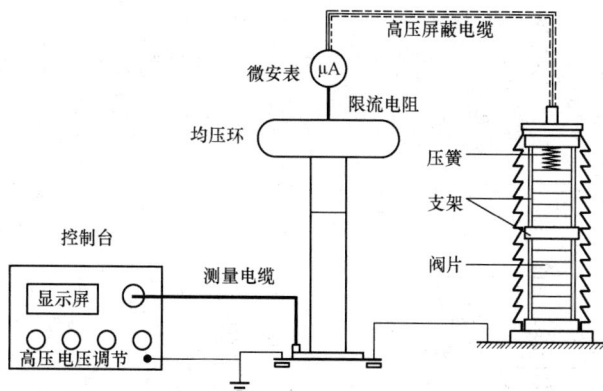

图 11-2　金属氧化物避雷器直流试验测试原理接线

11-2　如何进行 500kV 避雷器不拆线直流泄漏试验？

500kV 避雷器多为三节结构，下节下法兰处安装有毫安表和放电计数器，不拆线测试时，上节上法兰通过线路侧接地开关接地。

为说明方便，A 点为上、中节的连接法兰处，B 点为中、下节连接法兰处，C 点为下节与毫安表连接处，D 点为毫安表接地处。

直流发生器以配备红外高压微安表头和手持式低压电流表的为例进行说明，在测试中，手持表可显示低压电流，也可通过红外通信获得高压微安表头上的电流数据，并可以对高低压电流数据进行计算，如没有红外表头，则需在测试中进行即时的计算。

避雷器上节测试如图 11-3 所示，高压试验线接 A，手持表芯线接 C，屏蔽线接 D。测试时，红外高压微安表头显示的是上节电流 I_2 与中下节电流 I_1 的合电流 I_X，而手持式低压微安表可以直读中下节的电流 I_1，并通过红外通信获取高压微安表的电流数据 I_X，通过计算得到上节电流 I_2，从而测试出上节 U_{1mA} 和 $75\%U_{1mA}$ 下的泄漏电流 I_g。

同样方法，对于避雷器下节测试，只是将高压试验线接于 B，直读手持表测量下节 U_{1mA} 和 $75\%U_{1mA}$ 下的泄漏电流 I_g 即可，如图 11-4 所示。

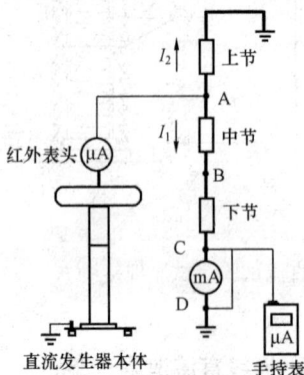

图 11-3　避雷器上节测试　　　图 11-4　避雷器下节测试

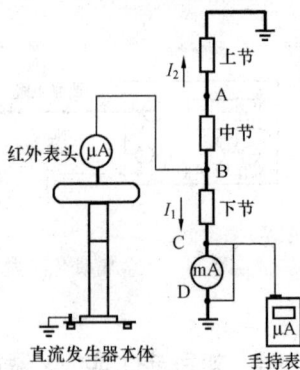

对于中节测量，既可以与上节一起加压测量，将高压线接A，手持表芯线接B；也可以与下节一起加压测量，高压线接B，手持表芯线接C，A点接地。

此外还有一些特殊情况的测试：

南阳金冠的避雷器 2006 年以后的产品，上、中、下三节 U_{1mA} 互差 10kV，以 Y20W-444/1063W 为例，其出厂试验上节 U_{1mA} 为 219kV，中节 U_{1mA} 为 210kV，下节 U_{1mA} 为 201kV。不拆线测试时，中节 U_{1mA} 要低于上节而高于下节，必须与上节一起加压测量，在中节达到 1mA 电流时，上节电压还未饱和，总电流相对比较小。

金冠避雷器拆线与不拆线试验数据对比见表 11-1。

表 11-1 金冠避雷器拆线与不拆线试验数据对比

试验部位	U_{1mA} (kV)	$75\%U_{1mA}$下 I_g (μA)	试 验 方 法
上节	221.0	31	常规拆线试验
上节	223.7	38	不拆线，高压线接 A，手持表芯线接 C
中节	212.2	31	常规拆线试验
中节	214.3	34	不拆线，高压线接 A，手持表芯线接 B
下节	205.4	28	常规拆线试验
下节	207.5	31	不拆线，高压线接 B，手持表芯线接 C

注 由于拆头时间较长，拆线试验与不拆线试验并不是同一天，但试验环境条件类似。

对于其他厂家的避雷器，出厂时由于各节 1mA 电压基本均衡，基本上不会出现 U_{1mA} 相差 5% 的情况，因而 3mA 的直流发生器可以满足测试要求，而测量中应注意根据上次试验数据，优先测试较低的部分。

抚顺避雷器拆线与不拆线试验数据对比见表 11-2。

表 11-2 抚顺避雷器拆线与不拆线试验数据对比

试验部位	U_{1mA} (kV)	$75\%U_{1mA}$下 I_g (μA)	试 验 方 法
上节	206	30	常规拆线试验
上节	202.5	38	不拆线，高压线接 A，手持表芯线接 C
中节	204	35	常规拆线试验
中节	202	36	不拆线，高压线接 A，手持表芯线接 B
下节	210.2	31	常规拆线试验
下节	209.6	41	不拆线，高压线接 B，手持表芯线接 C

注 由于拆头时间较长，拆线试验与不拆线试验并不是同一天，但试验环境条件类似。

由于金冠避雷器特殊的设计，使得不拆线与拆线试验数据的对应性要好于普通避雷器，对于抚顺类型的避雷器，由于三节之间没有设计差异，一旦出现中节避雷器大于上、下节的 U_{1mA}，测试中可能会出现由于上、下节避雷器电压饱和后，电流迅速增大而电压基本不变，造成中节测试数据偏低的现象，若此现象测试中影响较大，必须拆线测试方能取得比较准确的数据。

11-3 金属氧化物避雷器在运行中劣化的征兆有哪几种？

金属氧化物避雷器在运行中的劣化主要是指电气特性和物理状态发生变化，这些变化使其伏安特性漂移、热稳定性破坏、非线性系数改变、电阻局部劣化等。一般情况下这些变化都可以从避雷器的如下几种电气参数的变化上反映出来：

（1）在运行电压下，泄漏电流阻性分量峰值的绝对值增大。

（2）在运行电压下，泄漏电流谐波分量明显增大。

（3）运行电压下的有功损耗绝对值增大。

（4）运行电压下的总泄漏电流的绝对值增大，但不一定明显。

11-4 简述避雷器放电计数器工作原理。

避雷器放电计数器大多为 JS 型，用于电力设备运行中记录避雷器动作次数，内部多为双阀片式结构和整流式结构，如图 11-5 所示。

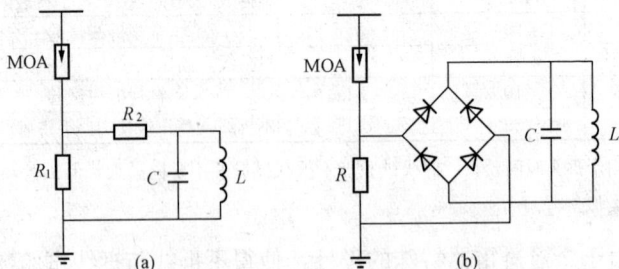

图 11-5 避雷器放电计数器内部结构

(a) 双阀片式结构；(b) 整流式结构

双阀片式结构：当避雷器动作时，放电电流流过阀片 R_1，在 R_1 上的电压降经阀片 R_2 给电容 C 充电，电容 C 对电磁式放电计数器的电感线圈 L 放电，使计数器向前动作一格，从而计数一次。

整流式结构：与双阀片式结构类似，当避雷器动作时，放电电流在阀片 R 上形成的压降经全波整流给电容 C 充电，使计数器动作计数。

11-5 为什么要监测金属氧化物避雷器运行中持续电流的阻性分量？

当工频电压作用于金属氧化物避雷器时，避雷器相当于一台有损耗的电容器，总泄漏电流包含阻性电流（有功分量）和容性电流（无功分量）。在正常运行情况下，容性电流的大小仅对电压分布有意义，并不影响发热，阻性电流占总电流的 $10\%\sim20\%$，却是造成金属氧化物电阻片发热的主要原因。

良好的金属氧化物避雷器虽然在运行中长期承受工频运行电压，但因流过的持续电流通常远小于工频参考电流，引起的热效应极微小，不致引起避雷器性能的改变。而在避雷器内部出现异常时，主要是阀片严重劣化和内壁受潮等情况，阻性分量的将明显增大，并可能导致热稳定破坏，造成避雷器损坏。但这个持续电流阻性分量的增大一般是经过一个过程的，因此，运行中定期监测金属氧化物避雷器的持续电流阻性分量是保证安全运行的有效措施。

11-6 简述避雷器运行电压下阻性电流测试原理与接线。

现场测试时测试方法比较多，相同的是总电流的获取，由于放电计数器上串联有阀片，内阻较大，用电流表将其两端直接短接即可获取避雷器运行情况下的泄漏电流。而运行电压的获取有二次电压法和感应板法，其中二次电压法试验精度较高，数据可靠，但需要在对应电压互感器二次侧接线；感应板法是通过电容感应板获取运行电压，精度较差，但无需进行电压互感器二次接线，比较方便。现场实际中可根据现场实际条件采用合理的测试方法。

二次电压法的原理接线如图 11-6 所示，通过短路放电计数器和泄漏电流表测量避雷器的电流信号，而系统运行电压通过与被试避雷器相同相的电压互感器二次线圈取得，通过仪器分析得出被测避雷器的总电流与运行电压之间的角度差，进一步分析出避雷器的阻性电流。

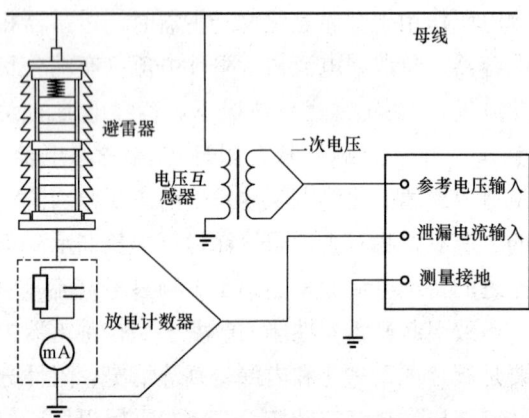

图 11-6 二次电压法的原理接线

现场测量时，对于一字排列的避雷器，可能存在相间干扰，A、B、C 三相通过杂散电容产生相互影响，测试时应尽量采用本相电压进行测量。

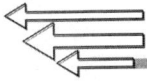

第十二章

无功补偿设备试验

12-1 干式并联电抗器与干式串联电抗器在试验项目上有何异同？

由于干式电抗器运行维护方便，现场使用比较广泛，干式并联电抗器与干式串联电抗器在设计与原理上完全相同，均是以空气为磁路形成感抗，使用多股铝导线绕制，以环氧树脂浸渍过的玻璃纤维包封，能够达到 F 级绝缘等级。

在 GB 50150—2006《电气装置安装工程 电气设备交接试验标准》中，干式电抗器不分串联和并联类型，规定测试绕组连同套管的直流电阻值，而在 DL/T 596—1996《电力设备预防性试验规程》中，干式串联电抗器要求测量电抗（电感）值，而在必要时测量绕组直流电阻，对于干式并联电抗器则归属于变压器类设备试验，规定应进行直流电阻的测量，而在必要时进行电抗（电感）值的测量。在实际运用中，由于两种类型的电抗器设计原理完全相同，在现场试验时，各地可根据自身实际对试验项目进行调整。比如由于试验精度和抗干扰能力的不同而以绕组直流电阻为主要测试项目，以电抗（电感）值的测量为辅助试验项目。

另外，由于干式电抗器安装完成后，没有油浸式电抗器的外壳，而是直接暴露于空气之中，靠支柱绝缘子形成主绝缘，因此在进行交流耐压试验时只需对绝缘支架进行试验，试验电压以支柱绝缘子为标准，而不应参照油浸式电抗器的标准进行外施交流耐压试验。

12-2 500kV 变电站 35kV 空心并联电抗器直流电阻测试的干扰源有哪些，如何进行抗干扰测试？

按照 500kV 变电站的典型设计，35kV 都有不超过主变压器容量 30％的并联电抗器组，而近年来多使用的是干式空心电抗器，由于安装于主变压器低压侧，且是无油类设备，典型设计中均将其安置于 220kV 架空引线下，但在正常进行检修例行试验时，常常会遇到因干扰而无法进行直流电阻测试的问题。

现场测试中的干扰源有：

（1）磁场干扰。主要是测试时相邻电抗器在运行状态，由于电抗器以空气为磁路，势必对被试电抗器造成干扰，干扰程度与相互之间的距离有关，即靠近运行电抗器的相别最明显。

（2）电场干扰。由于 220kV 架空引线在电抗器正上方通过，形成电场干扰既有直流分量也有交流分量，对整个测试接线会产生一定影响。

在测试中通常使用恒流源直流电阻测试仪，可采取以下几种手段进行抗干扰测量：

（1）停运相邻电抗器，由于直流电阻测试时间不长，短时间的停运是可以接受的。

（2）由于 220kV 架空引线不可能临时停运，现场可以采用串联电抗器测量的方法，由于三相电抗器星形联结，分别测定 $R_A + R_B$、$R_A + R_C$、$R_B + R_C$，根据三次测量数据计算出 R_A、R_B、R_C。

（3）测量时电抗器可以一端接地，减少电场干扰，但不能两端接地，否则将地网并入测试回路，影响测试结果。

（4）测量时使用大电流，当仪器抗干扰水平较低时，通过提高试验电流，可以减少干扰水平的影响。

通过以上方法，一般能够较好地完成直流电阻的测试。

12-3 现场可否使用介质损耗电桥进行电力电容器介质损耗因数和电容量试验？

无功补偿用的电力电容器容量比较大，大多在几十到几百千乏，如 500kV 变电站常使用的 BAM_2-11/2-334 型电容器，额定电压 5.5kV，容量 334kvar，电容量约 $36\mu F$。现场试验多使用 QS1 电桥或自动干扰电桥，高压输出基本上都是 10kV/200mA，即使降至 500V/4000mA 进行测量，测试电流仍超过介质损耗电桥的量程，而所加电压过低，即使测得介质损耗因数数据也没有实际意义。

由于现场缺少专用的试验仪器，加之半膜甚至全膜结构的电力电容器大量使用，因此在 GB/T 11024.1—2010《标称电压 1000V 以上交流电力系统用并联电容器 第 1 部分：总则》中，对于损耗的要求由制造厂与购买方协商决定，不再进行详细要求。同样的，GB 50150—2006《电气装置安装工程 电气设备交接试验标准》、国家电网公司《设备状态检修规章制度和技术标准汇编》中，均未对介质损耗因数测试进行相关规定。

12-4 电力电容器选型应该注意哪些问题？

高压并联电容器可使用单台电容器并联成组，也可使用集合式电容器，当单组容量较大时，为减少安装维护工作量和占地面积，宜选用单台容量较大的电容器。

电容器的额定电压宜与安装处的母线实际运行电压和因串联电抗器引起的稳态电压升高相适应。如串抗率 $k=6\%$ 的电容器组，投入运行后，在母线电压 U_N 的情况下，电容器的端电压为 $U_N/(1-k)$，而串联电抗器的两端电压为 $kU_N/(1-k)$，方向与电容器端电压相反。

根据要求电容器在运行中应能承受 $1.10U_N$，由于电容器实际运行稳态电压比母线监测电压高，应根据变电站实际情况另行规定运行电压要求。按照设计要求，电容器的稳态过电流允许值应为 $1.30I_N$，对于具有最大电容正偏差的电容器，其过电流允许值应为 $1.37I_N$。

因此在设备选型过程中，要充分考虑到电容器所安装变电站处的母线电压，串抗率使电容器稳态电压的固定升高以及电容器投入运行后所出现的母线电压升高，避免电容器组无法投入或投入后过压、过流。

12-5 电力电容器熔断器如何选型？

电力电容器发生故障时，由于故障电流具有极大的能量，必须采用一种专用高压熔断器可靠切除电路，将故障电力电容器立即退出电力系统，以确保电力系统的安全运行。

使用中的熔断器与电力电容器串联，过载电流或故障电流流过熔断器时，熔体发热熔化，继而产生电弧，熄灭并切除电路，因而熔体的额定电流必须与被保护电容器额定电流相配合。

按照相关规定，熔断器的额定电压不应低于被保护电容器的额定电压，最高工作电压应为额定电压的 1.10 倍，熔断器的额定电流应按不小于被保护电容器额定电流的 1.37 倍，并不大于 1.50 倍进行选择。同时要求熔断器在 1.10 倍额定电流下 4h 内应不熔断，1.50 倍额定电流下 75s 内应不熔断，2.0 倍额定电流下 7.5s 内应不熔断。

12-6 并联电容器串联电抗器的过电压阻尼装置的作用是什么？

在并联电容器组投入运行时，常出现高频暂态电流，即合闸涌流，频率可达几百至几千赫兹，幅值比电容器正常工作电流大几倍至几十倍，合闸涌流可能造成断路器触头熔焊、烧损，电动力可能使串联电抗器损伤，而在开断电容器组时，有时会引起断路器重燃，而在电容器上产生过电压和更大的涌流。

为了降低过电压和涌流，在串联电抗器两端并入一组阻尼装置，如图 12-1 所示，其作用原理是用电阻器与真空间隙串联，当接通或切除电容器组时，如果断路器重燃，在电容器组上出现

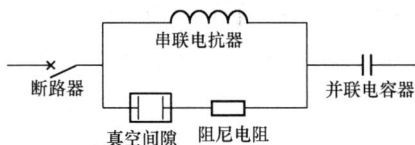

图 12-1　并联电容器串联电抗器的过电压阻尼装置

过电压，则作用在串联电抗器上的电压将超过真空间隙的击穿电压，真空间隙将击穿放电，而将串联电阻接入，该串联电阻能消耗电磁振荡能量，阻尼暂态过程，从而抑制并联电容器上的过电压，而暂态过程结束后，电压幅值下降，真空间隙灭弧，使串联电阻退出运行。

12-7　如何对并联电容器串联电抗器的过电压阻尼装置进行试验？

并联电容器串联电抗器的过电压阻尼装置属于新技术设备，在各种规程中尚未对其试验项目与标准进行规定，由于阻尼装置结构简单，根据生产厂家以及现场实际情况，常进行以下检查和试验：

（1）绝缘电阻的测量。拆开阻尼装置上的接线端，使用 2500V 绝缘电阻表测量真空间隙的绝缘电阻，不应小于 500MΩ。

（2）投切时进行红外测温。在过电压阻尼装置投切过程中，使用红外成像仪，可以监测其投入运行情况。由于投切时，真空

间隙被击穿，阻尼电阻会发热，且过渡过程时间很短，因此发热也会很快结束，从而监测真空间隙和阻尼电阻的工作情况。

（3）阻尼电阻的测量。由于真空间隙的存在，阻尼电阻可以用万用表直接测量，测量值与铭牌值应无明显变化。

12-8 桥差保护式并联电容器组试验应注意哪些问题？

桥差电流保护接线（或 H 型保护接线）是一种较新的接线方式，由于其灵敏度高，能够直接反映电容器组内部元件的损坏情况，近年来在 $35\sim110kV$ 并联电容器使用较多。

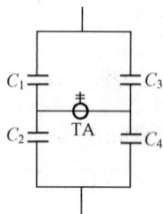

图 12-2 一相桥差
保护的接线简图

一相桥差保护的接线简图如图 12-2 所示，三相间为星形联结，TA 为小变比电流互感器，用以测量四个电容桥臂间的不平衡电流，正常情况下 $C_1 \times C_4 \approx C_2 \times C_3$，桥差电流互感器几乎没有电流通过，保护灵敏度以最大正常工作电流下某臂出现单台电容器退出运行时，而能够将整组电容器退出运行。

由于桥差保护接线灵敏度要求很高，规程中所规定的桥臂电容差值要求并不适合桥差保护接线方式的电容器组，如 GB 50150—2006《电气装置安装工程 电气设备交接试验标准》中规定："电容器组各相电容的最大值和最小值之比不应超过 1.08"，这一规定是按照普通双星形接线、差压保护的并联电容器组为保护要求的，但在桥差电流保护中已经不能满足要求。

因此，在试验中需要十分注意试验精度的要求，不仅要测试单支电容器的电容值，更重要的是测量整臂电容量，一旦出现单支电容器更换的情况，需要对该电容器组四个桥臂电容进行试验，以保证电容器组能够顺利投运。

第十三章

防 雷 与 接 地

13-1 避雷针结构及防雷原理是什么?

避雷针的构造可分为接闪器、引下线和接地装置三部分。

接闪器是避雷针的最高部分,是专门用来接受雷云放电的金属杆,一般用镀锌圆钢或钢管焊接而成。接闪器一般安装在支柱、电杆或其他构架或建筑物上。

引下线的任务是将接闪器上的雷电流迅速安全地导入大地。引下线多采用镀锌圆钢或扁钢材料制成,也可以直接使用金属构架,截面积应符合相关规定。

接地装置埋在地下一定深度处,与土壤紧密接触,能将雷电流很好地引入并泄放到大地中去。接地装置应充分利用自然接地体,如实际测量接地电阻不能满足相关要求时,应装设人工接地体。

雷云先导发展的初始阶段,因其离地面较高,其发展方向会受到一些偶然因素的影响而不固定,但当它离地较近时,地面上的避雷针因静电场畸变,而将雷云放电的通路吸引到避雷针本身,并通过引下线和接地装置泄放入大地,从而保护了被保护物体免受直接雷击。

13-2 变电站为什么设置独立式避雷针,是否与主地网相连接?

中小型变电站常采用在站区四角位置设置独立式避雷针以保

护变电站内设备。大型变电站由于更多采用金属龙门架，在龙门架顶端直接设置接闪器，将龙门架作为引下线。但由于设备区避雷针保护范围有限，很多大型变电站也会设置几根独立式避雷针，作为直击雷防雷保护用。

在土壤电阻率不大于 $500\Omega\cdot m$ 的地区，独立式避雷针的接地电阻不应大于 10Ω，在高土壤电阻率的地区允许采用较高电阻值，但空气中和地中距离必须符合下列要求：

（1）针体与其他配电装置接地部分的空气中距离应符合

$$S_a \geqslant 0.2R_i + 0.1h$$

式中　S_a——空气中距离；

　　　R_i——避雷针冲击接地电阻；

　　　h——避雷针检验点高度。

（2）避雷针接地装置与接地网的地中距离 $S_e \geqslant 0.3R_i$。

如不能满足该要求，避雷针的接地装置也可以与主接地网相连接，但避雷针与主接地网的地下连接点至 35kV 及以下设备主接地网地下连接点之间沿接地体的长度不得小于 15m，但在典型设计中，均尽量选取不与主接地网相连接的方式，避免将直击雷引向变电站配电设备。

13-3　什么是接触电压和跨步电压？如何减小接触电压和跨步电压？

人站在发生接地故障的电气设备旁边，手触及设备外壳，则人所接触的两点（手与脚）之间所呈现的电位差，叫做接触电压。

人在接地故障点附近行走，两脚之间（跨距按 0.8m）的电位差，叫做跨步电压。

为了减小接触电压和跨步电压，接地装置的布置原则是尽量减小接地电阻且使电位分布均匀。如将接地装置布置成环形，可在环形接地装置中间加装相互平行的均压带，距离一般为 4～5m。在电气设备周围加装局部的接地回路。在进行保护接地的建筑物入口处，也应敷设帽檐式均压带，或铺设砾石、沥青路面。

为了减小建筑物的接触电压，接地体与建筑的基础间应保持2m 以上的水平距离。为了降低跨步电压，防护直击雷的接地装置距离建筑物出入口及人行道不应小于 3m，最好采用沥青碎石路面。

13-4 什么是接地体的屏蔽效应？

当多根接地体互相靠拢时，入地电流的流散相互受到排挤，影响各接地体的电流向大地呈半球形散开，使得接地装置的利用率下降，这种现象叫接地体的屏蔽效应。因此，垂直接地体的间距一般不小于接地体长度的两倍，水平接地体的间距一般也不宜小于 5m。

13-5 什么是工频接地电阻和冲击接地电阻，二者之间的关系是什么？

工频接地电阻是指接地装置在工频电流作用下所表现的电阻值，而冲击接地电阻是指接地装置在冲击电流作用下的电阻值，两者之间的比值即是冲击系数。

由于冲击电流幅值高、陡度大，与工频电流作用下的阻抗值有很大不同：

（1）由于雷电流幅值高，接地体附近出现很大的电流密度和很高的电场强度，使接地体附近土壤出现局部火花放电，相当于接地体的尺寸加大，截面放宽，因而使阻值下降。

（2）对于伸长型的接地体，因为它有一定的电感，而雷电流的陡度很大，相当于波前部分的等值频率很高，所以有较大的感抗，即电阻值上升。

由于这两个原因，使得冲击系数 α 有时大于 1 有时小于 1，但大多数情况下是小于 1 的。

13-6 对于有效接地系统，电气设备接地电阻试验标准如何规定？超过标准后如何处理？

根据规程要求，有效接地系统的电力设备接地电阻应满足：$R \leqslant 2000/I$ 或 $R \leqslant 0.5\Omega$（当 $I > 4000$A 时），其中 I 为经接地网注入地中的短路电流（A），R 为考虑到季节变化的最大接地电阻（Ω）。

若接地电阻实测值超过要求值，为防止转移电位引起的危害，对可能将接地网的高电位引向站外或将低电位引向站内的设备，应采取隔离措施，同时应验算或现场测量接触电位差和跨步电位差，如有可能进行地电位分布的测量。

如测算或现场测试发现局部接触电位差不满足要求，为保证在发生短路和雷击时人身和设备的安全，在设备区经常维护的通道及操动机构四周区域可铺设高电阻率路面，如沥青或卵石路面；如跨步电位差不满足要求，需要在主要通道铺设高电阻率路面，并在局部电位较大区域增设水平均压带及帽檐式均压带。

13-7 降低变电站地网接地电阻的方法有哪些？

为降低地网接地电阻，工程上一般常用的措施主要有以下几种：

（1）充分利用自然接地体。充分利用变电站内各种自然接地体，如钢筋混凝土中的钢骨架、金属结构件、金属管道等，但为防止转移电位引起的危害而隔离的设备，不应考虑在内。其主要优点是利用方便，缺点是变电站内可利用的自然接地体有限。

（2）外引接地。变电站附近有土壤电阻率较低的可利用土地时，可以在站外铺设专门的接地装置（小地网），而后通过2～3根水平接地与变电站主接地网连接，可以有效降低工频接地电阻。但缺点是需要另外征地或者缴纳土地使用费用。

（3）深埋接地极。当地下深处的土壤电阻率较低或有水时，可采取深埋接地极来降低接地电阻值。这种方法对含砂土壤效果明显。可以不考虑土壤冻结和干枯所增加的电阻系数，但施工困难，土方量大，造价高。

（4）地网扩大。与外引接地相类似，直接对地网进行扩大，但由于接地网接地电阻过大的变电站选址地区土壤电阻率本身偏高，直接外扩地网效果有限，加上土地购置困难，该措施并不容易实现。

（5）降低土壤电阻率。降低土壤电阻率的方法有两种：①直接换土。直接使用土壤电阻率较低的土壤来置换掉变电站较高土壤电阻率的土壤，但工程量较大。②使用降阻剂。降阻剂是用来降低高土壤电阻率接地体电阻的物质，具有导电性能良好的强电解质和水分。降阻剂适用于小面积的集中接地小型接地网，降阻效果较为显著，对于大中型接地网主要是起到均压作用，对降低接地网接地电阻的效果不太明显，这是因为内部的散流受到屏蔽的缘故。

以上几种方法并不是孤立的，现场常常采取多种措施的综合运用，根据变电站的实际地形地貌，综合分析对比各种方法的效果、费用以及以后运行维护是否方便，最后决定采用哪些措施来降低接地电阻。

13-8 接地电阻测试方法有哪些？

测量接地电阻的方法最常用的有电压法、电流法、比率计法和电桥法，对大型接地装置如110kV及以上变电站或地网对角线长度 $D \geqslant 60m$ 的接地装置，不能采用比率计法和电桥法，而应采用电压法、电流法，且根据测量导则要求：通过接地装置的测试电流大，接地装置中零序电流和干扰电压对测量结果的影响就小，因此为减小工频接地电阻实测值的误差，通过接地装置的测试电流不宜小于 30A。

在各种小型接地装置接地电阻测试中，通常采用 ZC-8 型接地电阻测试仪，这是一种体积小、质量轻、准确程度高的仪表，属于电桥法测量。

近年来又有人提出四极法、瓦特法、功率因数法和变频法等测试方法，测量各具优势。

13-9 简述电流表、电压表法测量接地电阻的原理。

电流表、电压表法是测量接地电阻的基本方法，原理接线如图 13-1 所示，电源可以选取低压交流电源或手摇式发电机。隔离变压器用于隔离电源，避免交流电源直接接地。自耦变压器用于调节电压，也可以用可调电阻调压。

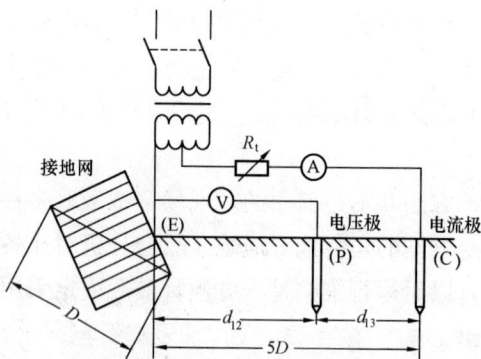

图 13-1　电流表、电压表法测量接地电阻的原理接线

接地电阻指当电流由接地体流入土壤时，接地体周围土壤形成的电阻，其值等于接地体对大地零电位点的电压和流经接地体电流的比值。在测量时由于不可能按照无限远处接线，通常情况

下，以接地体为半球形、土壤电阻率在垂直和水平方向上都是均匀的为前提，将电压极放于接地体和电流极之间，且距接地体 $0.618d_{13}$ 处测得的接地电阻值最接近真值。

另外，由于实际情况中接地体几乎没有半球形的，土壤电阻率也不可能完全均匀，两个电极间的相互影响等因素，试验是有误差的，为保证试验的精度，通常当接地网对角线长度为 D 时，电压极距离 d_{13} 选取为 $5D$，此时误差一般在万分之五。

13-10 使用接地电阻表测量小型接地装置的接地电阻时应注意哪些问题？

在各种小型接地装置的接地电阻的测试中，通常采用接地电阻表测量，在测试中应注意以下几点：

（1）测量时，被测的接地装置应与避雷线断开。

（2）电流极、电压极应布置在与线路或地下金属管道垂直的方向上。

（3）由于雨后土壤电阻率减小，应避免在雨后立即测量接地电阻。

（4）采用交流电流表、电压表法时，电极的布置宜用三角形布置法，电压表应使用高内阻电压表。

（5）被测接地体 E、电压极 P 及电流极 C 之间的距离应符合测量方法的要求。

（6）所用连接线截面电压回路不小于 1.5mm^2，电流回路应适合所测电流数值；与被测接地体 E 相连的导线电阻不应大于地网接地电阻的 $2\%\sim3\%$。试验引线应与接地体绝缘。

（7）仪器的电压极引线与电流极引线间应保持 1m 以上距离，以免使自身发生干扰。

（8）应反复测量 $3\sim4$ 次，取其平均值。

（9）使用接地电阻表时发现干扰，可改变接地电阻表转动速度。

（10）测量中当仪表的灵敏度过高时，可将电极的位置提高，使其插入土中浅些。当仪表灵敏度不够时，可在电压极和电流极插入点注入水而使其湿润，以降低辅助接地棒的电阻。

13-11 为什么 500kV 单相自耦变压器组"π"型接地引下线中电流很大？

国内某些 500kV 变电站单相自耦变压器组的典型设计中采用中性点汇流，从两侧分别引下入地的接线方式。在现场运行实测中发现，采用"π"型接地方式的接地引下线电流相当大，且电流值与负荷大小有关，而如果采用一侧接地的单相自耦变压器组，在正常三相对称运行时，其入地电流为系统不平衡电流，电流多在 5～10A 之间。

"π"型接线方式如图 13-2 所示，将其变换成等值电路如图 13-3 所示，R_{AB}、R_{BC} 为 A、B、C 三相中性点之间导线的直流电阻，R_1、R_2 为两侧接地引下线的直流电阻，R_3 为地网中扁钢地网的直流电阻，继续将其简化如图 13-4 所示，即可看出"π"型接地方式是把单一的中性点变成了三角形的中性点，引下线中电

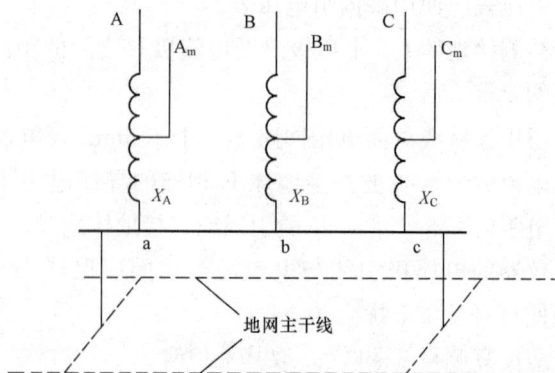

图 13-2 "π"型接线方式

流即是 A、C 两点间的电流，而真正流入大地的中性点电流，仍然是系统不平衡电流。

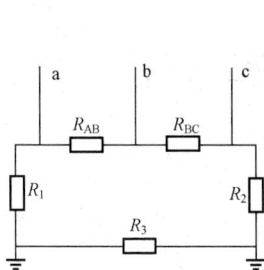

图 13-3　等值电路　　　　图 13-4　简化电路

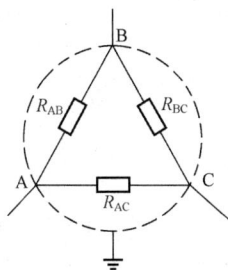

由于三相负载电流不受接地引下线及地网扁钢电阻的影响，可以把三相负载电流 $\dot{I}_A$、$\dot{I}_B$、$\dot{I}_C$ 看作是恒流源，系统不平衡电流在 5~10A 左右，可略去不计，则有 $\dot{I}_A + \dot{I}_B + \dot{I}_C = 0$，可设 $\dot{I}_A = I_N \underline{/0°}$、$\dot{I}_B = I_N \underline{/240°}$、$\dot{I}_C = I_N \underline{/120°}$，$I_N$ 为相电流有效值。

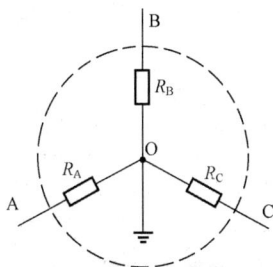

图 13-5　三角形变换成星形

由于 AB、BC 之间引线长度相同，将其电阻设定为 R，把两侧引下线和地网扁钢电阻设定为 X 倍 R（由于扁钢电阻率比铝导线大，$X > 1$），则有

$$R_{AB} = R_{BC} = R$$
$$R_{AC} = R_1 + R_2 + R_3 = XR_{AB}$$
$$= XR_{BC} = XR \quad X > 1$$

将三角形变换成星形，如图 13-5 所示，则有

$$R_A = R_C = \frac{XR^2}{2R + XR}, \quad R_B = \frac{R^2}{2R + XR}$$

假定中性点 O 处为零电位，则

$$\dot{U}_{CA} = \frac{XR^2}{2R+XR}(\dot{I}_C - \dot{I}_A)$$

$$\dot{I}_{CA} = \frac{\dot{U}_{CA}}{R_{CA}} = \frac{XR^2}{(2R+XR)XR}(\dot{I}_C - \dot{I}_A)$$

$$= \frac{1}{2+X}\dot{I}_{CA} = \frac{\sqrt{3}}{2+X}I_N \underline{/150°}$$

由于引下线（铝导线）电阻恒定，因此引下线中电流大小与地网扁钢电阻有关，取 $X=1$ 时，$I_{CA} = 0.577I_N$，当 $X \to \infty$ 时，即 A、C 点不连通时，$I_{CA} \to 0$，而大多数情况下，X 在 $5 \sim 10$ 之间，因此引下线的电流在 $(0.14 \sim 0.24)I_N$ 之间，与负荷电流直接相关。

通过实际测试发现，某 500kV 变电站的中性点采用 "π" 型接地投运，投运后测量的引下线电流值见表 13-1。

表 13-1　　　　　　　　　　引下线电流值

测试日期	变压器中性点 I_N（A）	A 相侧引下线电流（A）	C 相侧引下线电流（A）	实际中性点接地电流（A）	折算 X 值
2007 年 10 月 10 日	540	140	132	8	5
2007 年 10 月 12 日	310	74	68	6	6

注　两侧接地引下线电流之差即为实际中性点接地电流。

13-12　为什么要进行接地导通试验，试验周期是什么？

电气设备的接地装置是为了在故障时，使故障电流能可靠入地，而不至于造成反击或其他不良后果，因此对接地装置的接地电阻提出了很高的要求。而设备接地引下线是设备与主地网连接的纽带，加之这部分处于地面表层，更容易受到氧化、酸碱及外力破坏，而这部分出现问题，将使设备孤立，使接地装置不发挥作用。

对于一般设备也要求导通良好，试验周期规定为 220kV 及以上 1 年 1 次，110kV 及以下每 3 年 1 次。

13-13　如何进行接地引下线导通检查?

现场进行接地导通测试的原理大多采用直流压降法，用以检查设备接地线之间的导通情况，要求导通良好，变压器及避雷器、避雷针等设备应测量接地引下线导通电阻。接地引下线导通测试原理接线如图 13-6 所示。按照 DL/T 475—2006《接地装置特性参数测量导则》要求，应首先选定一个很可能与主地网连接良好的设备接地引下线为参考点，再试验周围电气设备接地部分与参考点之间的直流电阻。如果开始即有很多设备测试结果不良，宜考虑更换参考点。在现场测试时，各次参考点应尽量一致，即本年度所选择的参考点位置应与去年相同，否则无法对直流电阻值进行比较。

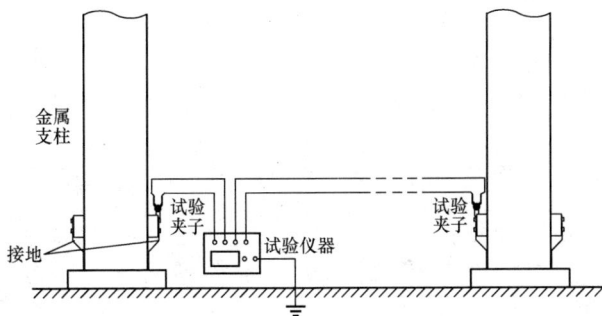

图 13-6　接地引下线导通测试原理接线

现场应测试各个电压等级场区之间；各高压和低压设备包括构架、分线箱、汇控箱、电源箱等；主控及内部各接地干线，场区内和附近的通信及内部各接地干线；独立避雷针及微波塔与主地网之间等的导通情况。

测试中应注意减小接触电阻的影响，变压器及避雷器、避雷针等设备的接地引下线直流电阻应不大于 200mΩ，且导通电阻初值差应不大于 50%，对于一般设备，导通情况应良好。当发现测试值在 50mΩ 以上时，应反复测试。

测试结果的判断与处理：

（1）状况良好的设备测试值应在 50mΩ 以下。

（2）50～200mΩ 的设备状况尚可，宜在以后例行试验时重点关注其变化，重要的设备宜在适当时候检查处理。

（3）200mΩ～1Ω 的设备状况不佳，对重要设备应尽快检查处理，其他设备宜在适当时候检查处理。

（4）1Ω 以上的设备与主地网未连接，应尽快检查处理。

（5）独立避雷针的测试值应在 500mΩ 以上。

（6）测试中相对值明显高于其他设备，而绝对值又不大的，应按状况尚可对待。

第十四章

电　力　电　缆

14-1　简述电缆绝缘电阻和泄漏电流试验的基本接线。

电缆绝缘电阻试验是检查电缆绝缘最简单的方法，通过测试对电缆的绝缘做出初步判断，为其后进行的泄漏试验和耐压试验提供基本信息。试验中单芯电缆测量芯线对外皮的绝缘电阻，多芯电缆分别测量每一线芯对其他线芯及外皮的绝缘电阻，测试接线如图 14-1 所示。对于橡塑电缆，除测量芯线绝缘电阻外还应测量外护套及内衬层的绝缘电阻。

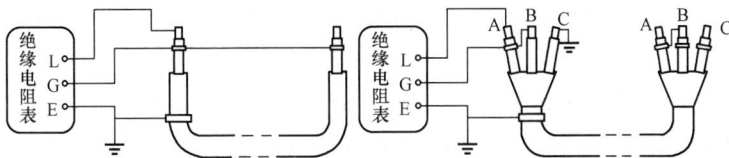

图 14-1　电缆绝缘电阻测试接线

测试时应注意以下几点：①测量电缆主绝缘应分相进行，测量某一相时，非被试相、外护套及铠装层均应接地。②测试时应尽量使用带有自放电功能的数字绝缘电阻表，一相测试完毕后，被试相应对地充分放电。③电缆较长，充电电流很大时，绝缘电阻表显示的绝缘电阻值会比较小，要尽量保证摇速的均匀，不能中途停止，必要时应尽量使用数字绝缘电阻表。④空气湿度较大时，应使用屏蔽端子，三相电缆可采用接线图中所示方法，将其中一非被试相线芯作为屏蔽线使用。

泄漏电流和直流耐压试验接线与绝缘电阻测试接线相同,将绝缘电阻表更换为直流发生器,但测试中应将微安表置于高压侧。

14-2 按绝缘材料分类,电力电缆有哪些类型?

随着技术的进步,新材料、新工艺的不断出现,电缆品种越来越多,按照绝缘材料分类可分为以下几种类型:

(1)挤包绝缘电力电缆。挤包绝缘电力电缆制造简单,质量轻,终端和中间接头制作容易,弯曲半径小,敷设简单,维护方便。挤包绝缘电力电缆包括聚氯乙烯绝缘电力电缆、交联聚乙烯绝缘电力电缆、聚乙烯电力电缆、橡胶绝缘电力电缆、阻燃电力电、缆耐火电力电缆、架空绝缘电缆。

其中聚氯乙烯绝缘电力电缆、聚乙烯电力电缆一般多用于10kV 及以下电缆线路中,交联聚乙烯绝缘电力电缆多用于6～220kV 电缆线路中,橡胶绝缘电力电缆则主要用于发电厂、变电站、工厂企业等 0.6kV/1kV 级的内部连接线。

(2)油浸纸绝缘电力电缆。油浸纸绝缘电力电缆使用历史悠久,成本低、寿命长、耐热、耐电性能稳定,在各种电压特别是高电压等级的电缆中应用特别广泛。油浸纸绝缘是一种复合绝缘,以纸为主要绝缘体,根据浸渍情况的不同,可分为以下几种:

1)普通黏性油浸纸绝缘电缆。使用低压电缆油和松香混合而成的黏性浸渍剂,根据结构不同又分为统包型、分相铅包型和分相屏蔽型。后两种电缆多用于20～35kV 电压等级。

2)滴干绝缘电缆。它是绝缘层厚度增加的黏性油浸纸绝缘电缆,适用于10kV 及以下电压等级及落差较大的场合,目前很少采用。

3）不滴流油浸纸绝缘电缆。它的构造、尺寸与普通黏性油浸纸绝缘电缆相同，但使用低压电缆油和某些塑料及合成蜡的混合物制成的不滴流浸渍剂，适用于 35kV 及以下高落差及热带地区。

4）油压油浸纸绝缘电缆。包括自容式充油电缆和钢管式充油电缆。浸渍剂一般为低黏度的电缆油，适用于 110kV 以及更高电压等级的电缆线路中。

5）气压油浸纸绝缘电缆。包括自容式充气电缆和钢管式充气电缆，多用于 35kV 及以上电压等级的电缆线路中。

14-3　电力电缆短路故障定位法有哪些？

电力电缆的故障是指线芯间绝缘的损坏或线芯与金属屏蔽层之间的绝缘损坏。电缆的损坏形式分低阻短路、高阻短路和部分损坏（局部放电），由于绝缘的损坏形式不同，故障点的定位方法也有所不同。

（1）低阻短路。由于电缆完好段直流电阻稳定，无论是两相线芯之间还是线芯与金属屏蔽层之间绝缘击穿短路，短路故障点都把电缆分成两段，只需要测试两端之间的电阻比值，就知道了两段之间的相对长度比，通过电缆总长度计算即可确定故障点的位置。但是进行故障定位的条件是接地性质必须是低阻故障，如果故障点短路电阻过大，则会影响比值的判据，进而影响故障点的定位。

（2）高阻短路。由于高阻短路灵敏度不够，最好的办法是降低故障点的短路电阻，即利用冲击闪络直接将高阻短路烧穿，形成低阻短路，而后利用前面的判断方法进行定位。

电阻法定位试验方法比较简单实用，但是由于灵敏度容易受故障类别的影响，现在比较精确的定位方法为行波法。行波法包括驻波法和现代法。驻波法是将电力电缆作为高频传输线，利用传输线上的驻波谐振现象对电缆的断线故障和相间或相对地电阻值较低的一类故障进行测量，目前已很少使用。现代法或称脉冲反射法包括低压脉冲反射法、高压脉冲电流法、高压脉冲电压法和二次脉冲法。

低压脉冲反射法适用于低阻故障和断线故障，并可测试电缆的全长和行波在电缆中的传播速度。通过向故障电缆注入一个低压脉冲使其在电缆中传播，记录发射脉冲和故障点反射脉冲之间的时间差，根据已知脉冲在电缆中的波速度，从而得到测量端到故障点的距离。

高压脉冲电流法、高压脉冲电压法和二次脉冲法适用于高阻故障。高压脉冲电流法、高压脉冲电压法都是通过直流高压或脉冲高压信号击穿电缆故障点，利用放电电压脉冲的电压或电流信号在测量端与故障点之间往返一次的时间来测距。二次脉冲法通过向故障电缆输入一次高压脉冲和一次低压脉冲进行比较，波形的明显分歧点就是故障点的反射波形点。

14-4　为什么交联聚乙烯电缆进行直流耐压试验不如进行交流耐压试验？

由于油纸绝缘电缆的绝缘电阻远低于橡塑电缆，判断其绝缘状况用直流耐压试验即可获得可靠信息，但是对于交联聚乙烯电缆就不同了：

（1）直流试验的场强分布不同于交流场强分布，无法模拟电缆的实际运行工况。

（2）直流试验的效果不准确，在直流电压下，由于温度及电场强度的变化，交联聚乙烯电缆绝缘层的绝缘电阻系数也会随之变化。

（3）直流试验对交联聚乙烯电缆来说危害更大，由于绝缘电阻系数的改变，导致交联聚乙烯电缆绝缘层各处电场强度分布的改变，直流试验更易造成绝缘的损坏。

因此，国际大电网会议委员会推荐使用工频或近似工频（20～300Hz）的交流耐压试验，这种试验可以重现与运行工况下相同的场强，比直流耐压试验更为灵敏。

14-5 电力电缆直流耐压为什么采用负极性？

进行电力电缆直流耐压时，若缆芯接正极性，绝缘中如有水分存在，将会因电渗作用使水分移向铅包，使缺陷不易被发现。当缆芯接正极性时，击穿电压较接负极性时约高 10%，因此为严格考察电力电缆绝缘水平，规定用负极性直流电压进行电力电缆耐压试验。

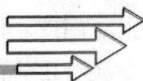

第十五章

带 电 测 试

15-1 简述进行红外成像测试的原理。

所有温度超过绝对零度的物体均对外发射红外辐射，热流在物体内部扩散和传递的过程中，将会由于材料或设备的热物理性质不同，或受阻堆积，或通畅无阻的传递，最终会在物体表面形成相应的"热区"和"冷区"。现代红外诊断技术以红外辐射的能量为传递信息的手段。在电力系统中可应用于各种电气设备的外部过热故障、内部缺油或绝缘损坏故障等的诊断，为设备状态检修提供依据。

变电站设备中，从发热原理上分为两大类，即电流致热设备和电压致热设备。电流致热设备就是由于电流作用而引起发热的设备，主要有导线、各类接线板、设备线夹、连接接头等。电压致热设备就是由电压作用引起发热的设备，主要有电流互感器、电压互感器、氧化锌避雷器、绝缘子、电缆终端头、电缆中间接头等。

应用红外诊断技术进行设备检测有十分明显的优势：

（1）不接触、不停运、不解体。由于电力设备故障的红外诊断是在运行状态下监测异常红外辐射和温度场来实现的，在监测过程中，始终不需要与运行设备直接接触，红外监测时可以做到不停电、不改变系统的运行状态，从而可以监测到设备在运行状态下的真实状态信息，并可保障操作安全。

（2）大面积进行诊断，诊断效率高。以扫描方式探测设备温度，加上市场上主流的红外成像设备分辨率高，数据采集速度快，大大提高了诊断效率。

（3）可后期分析。测温图片实现了数字化，可以在计算机上通过专业软件对红外测温图片进行各种分析，为是否停电检修提供决策依据。

15-2　红外检测可分为哪几种方法？

红外检测的方法有一般检测和精确检测两种。一般检测适用于用红外热像仪对电气设备进行大面积检测；精确检测主要用于检测电压致热型和部分电流致热型设备的内部缺陷，以便对设备的故障进行精确判断。

一般检测的环境要求：①被检测设备是带电运行设备，应尽量避开视线中的封闭遮挡物，如门、盖板等。②环境温度一般不低于5℃，相对湿度一般不大于85%；天气以阴天、多云为宜，夜间图像质量最佳；不应在雷、雨、雾、雪等气象条件下进行，检测时风速应小于5m/s。③晴天检测镜头应避开阳光，室内或晚上要闭灯检测。④检测电流致热型设备，最好在高峰负荷进行，否则一般在不低于30%的额定负荷下进行，同时应考虑负荷电流对测试结果的影响。

精确检测除满足一般检测环境要求外，还满足以下要求：①风速不大于0.5m/s。②设备通电时间不小于6h，最好在24h以上。③检测期间天气为阴天、夜间或晴天日落2h后。④检测时尽量避开附近热辐射源的干扰，包括人体辐射源。⑤避开强电磁场，防止强电磁场影响红外热像仪的正常工作。

15-3　进行现场红外测试，操作时应注意哪些问题？

作为最成熟、最有效的电力在线检测手段，红外热像仪可以大大提高供电设备运行的可靠性，大大降低设备的检修时间。

对于一般检测，使用前可将大气温度、相对湿度、测量距离等补偿参数对测量进行修正，并选择适当的测温范围以提高测量精度。一般应先用红外热像仪对所有应测部位进行全面扫描，若发现异常，则对异常部分进行精确测温。

由于不同物体在同样湿度下辐射率不同而使测温仪接收到的能量不同，从而显示出不同的湿度值，因此进行红外测温时，对不同物体应设定不同的辐射率。如相同温度、不同辐射率的物体，测试时若设定相同的辐射率，则实际辐射率低的物体测试值会偏低。断路器、隔离开关、变压器、导线等以金属为主的设备辐射率一般可取 0.90，带漆部分金属选 0.94，瓷套类选 0.92。对于精确测量，检测温升所用的环境温度参照体应尽可能选择与被测设备类似的物体，且最好同一朝向。测量时在同一视场中选择相邻两相设备作为比照，效果较好。

由于现场所配置的红外成像设备测量距离有限，大多数成像仪没有中长焦镜头，在保证现场电气设备安全距离的条件下，红外测温仪应尽量靠近被测设备，使被测设备充满整个视场，以提高红外仪器对被检设备表面细节的分辨能力及测温精度。

对于红外诊断的方法，主要有四种：①表面温度判断法。②同类比较法。③相对温差判别法。④热谱图分析法。各种测试方法受负荷电流、风速、环境温度、测量距离、发射率等因素的影响下各有优势，可以结合运用。

15-4 简述进行紫外成像测试的原理和应用。

当通电的电极周围电场强度达到一定程度时，会导致周围气体局部电离，发生电晕。电晕产生光（绝大部分为紫外光）、声、电磁辐射。利用空气中电晕放电会产生紫外光这一特性，使用紫外光成像技术可以直观形象地观察到发生电晕放电的情况，通过观察电晕放电的具体位置、电晕形态、强度等，使得现场人员能迅速准确地定位放电点的位置，从而准确地判断运行设备的健康程度。

电晕放电现象的光谱分析表明其波长范围为 200～410nm，其中 240～280nm 的光谱段称为太阳盲区（日盲），该段内由太阳发射的紫外光被大气层中的臭氧层吸收，造成到达地面的该波段光能量极低。

根据观测波长范围的不同，紫外成像仪也会两种，一种观测日盲区域，即可在白天进行观测；另一种观测波长范围较宽，必须在日落后进行，否则太阳光将对测试产生影响。

由于凡是有外部放电的地方都能用紫外成像仪观察到电晕，这意味着该技术在高压带电检测领域的应用范围很广：

（1）绝缘子劣化。绝缘子劣化会产生电晕，使用紫外成像仪可以进行远距离观测，提前发现问题绝缘子，并且对绝缘子积污过重、盐密过大所产生的电晕也有监测意义。

（2）导线外伤。在导线制作或运行中受伤的导线，未必会有明显的断股、散股现象，但在高电压下，导线表面或内部的变形与受力可能会产生电晕，从而使难以人工检查判断的问题得以解决。

（3）设备均压措施不利。大部分超高压以上设备都有均压措施，部分设备生产厂家降低成本，均压措施制作粗糙造成现场运行之后，电晕放电严重，在现场可以通过紫外成像技术进行监测解决。

（4）绝缘缺陷检测。在对试验品进行电气耐压试验时，使用紫外成像仪进行辅助观察，根据电力产品的材料、结构形状，分析电晕产生的情况，提前判断设备绝缘质量及缺陷的严重程度。

15-5 简述进行激光检漏测试的原理和测试时应注意的问题。

SF$_6$激光成像检漏由于其在不影响电力生产的前提下，能远距离（20m）带电检测，以直观的图像显示泄漏情况，近年来得到很好的推广应用。

其工作原理是将激光入射到被检区域的物体上，并在物体表面上反射，SF$_6$气体是目前已发现的最稳定的温室效应气体，其红外吸收特性极强。当激光遇到SF$_6$气体时，会被SF$_6$气体吸收，激光强度将明显减弱，导致反射回探测器的光子数量急剧减弱，经过成像处理后，SF$_6$气体在显示设备上显示为黑色的烟，SF$_6$气体泄漏浓度越大，吸收强度就越大，烟雾状阴影就越明显，在这种方式下，非可见的SF$_6$气体其泄漏方向和移动方向就可以确定，从而实现精确定位。

由于激光成像检漏采用非接触式面扫描，而不是逐点扫描，加上测试时外界对检漏准确性影响较大，如风力超过4级、其他透明物质或光面物体（如水、玻璃等）反射，都会造成明显的影像偏差，造成反射后的激光影像不清晰，远距离微量测试精度不高，不能用于越限报警，因而需要配合定量、表面张力（肥皂水）等方法查找泄漏的具体漏点。

测试中应注意以下几点：

（1）检查仪器设备的配件是否齐全，设备是否能够正常工作，镜头、屏幕是否清洁。

（2）了解仪器在现场位置是否方便对设备进行检测，了解试验时的天气环境，4级以上大风或刚下过雨待检设备表面积水等情况下不可进行检测。

（3）测试时注意与设备带电部位的安全距离，由于仪器较重，常配有三脚架，仪器固定要良好，以免出现意外。

（4）测试时正确的对焦对成像仪成像应用至关重要，正确的聚焦可确保激光能量被恰当地导向探测器的像元上，没有正确的对焦会使图像模糊不清，影响判断。

参 考 文 献

[1] 陈化钢. 电力设备预防性试验方法及诊断技术. 北京：中国科学技术出版社，2001.

[2] 李建明，朱康. 高压电气设备试验方法. 北京：中国电力出版社，2001.

[3] 上海市电力公司市区供电公司. 配电网新设备新技术问答. 北京：中国电力出版社，2002.

[4] 林莘. 现代高压电器技术. 北京：机械工业出版社，2011.

[5] 李景禄，胡毅，刘春生. 实用电力接地技术. 北京：中国电力出版社，2002.

[6] 保定天威保变电气股份有限公司. 变压器试验技术. 北京：机械工业出版社，2000.

[7] 朱英浩. 新编变压器实用技术问答. 沈阳：辽宁科学技术出版社，1999.

[8] 刘吟雯. 高电压技术问答. 南京：江苏科学技术出版社，1989.

[9] 江日洪. 交联聚乙烯电力电缆线路. 北京：中国电力出版社，2009.